人工智能图像识别项目实践

主 编 唐 林

副主编 高政霞

西南交通大学出版社

·成 都·

图书在版编目（CIP）数据

人工智能图像识别项目实践 / 唐林主编. —— 成都：
西南交通大学出版社，2024.7
ISBN 978-7-5643-9817-0

Ⅰ. ①人… Ⅱ. ①唐… Ⅲ. ①人工智能－算法－应用
－图像识别－高等职业教育－教材 Ⅳ. ①TP391.413

中国国家版本馆 CIP 数据核字（2024）第 092784 号

Rengong Zhineng Tuxiang Shibie Xiangmu Shijian
人工智能图像识别项目实践

主 编 / 唐 林   责任编辑 / 李华宇
                                        封面设计 / 墨创文化

西南交通大学出版社出版发行
（四川省成都市金牛区二环路北一段 111 号西南交通大学创新大厦 21 楼 610031）
营销部电话：028-87600564   028-87600533
网址：http://www.xnjdcbs.com
印刷：四川森林印务有限责任公司

成品尺寸 185 mm×260 mm
印张 17   字数 426 千
版次 2024 年 7 月第 1 版   印次 2024 年 7 月第 1 次

书号 ISBN 978-7-5643-9817-0
定价 45.00 元

随着人工智能工程技术的快速发展和应用，人工智能图像识别技术已经成为当今社会不可或缺的一部分。为了适应这一发展趋势，培养更多高素质的人工智能图像识别技术人才，我们编写了这本《人工智能图像识别项目实践》。

本书结合国家政策导向、产教融合、新职业人才培养机制，旨在帮助读者全面掌握人工智能图像识别技术的基本原理、方法和技能，并通过实践项目提高实际应用能力。本书的出版得到了行业专家的指导，经过深入调研和反复验证，确保了书中内容紧密结合市场需求和行业标准，符合国家人才培养的要求。

本书的出版是贯彻落实国家政策、推进"岗课赛证"融通的重要举措之一。通过本书的学习和实践，读者可以更好地适应市场需求和行业标准，提高实际应用能力和创新精神，为未来的职业发展奠定坚实的基础。同时，本书也可为广大人工智能从业者和爱好者提供一定的实用参考。

总之，本书是为了适应时代的发展和社会的需要而编写的。通过本书的学习和实践，读者能够掌握人工智能图像识别技术的基本原理、方法和技能，提高实际应用能力，为未来的职业发展奠定坚实基础，为社会进步做出贡献。

本书有以下特色和亮点：

（1）注重实践性和实用性，选取的实践项目紧贴实际需求，涉及图像处理、数据增强、图像识别、目标检测等多个领域和场景。每个实践项目都提供了完整的实现流程和代码示例，方便读者学习和参考。

（2）注重创新性和拓展性，通过引入各种算法和工具，启发读者的创新思维和拓展能力。

（3）注重体系性和完整性。本书全面介绍了人工智能图像识别技术的各个环节，包括图像预处理、特征提取、模型训练和评估部署等。同时，本书也注重培养读者的独立思考能力和解决问题的能力，引导读者正确使用该技术。

在使用本书时，建议读者按照以下步骤进行学习。

（1）了解每个实践项目的背景和目的，熟悉相关的理论知识和方法。

（2）阅读每个实践项目的实现流程和代码示例，了解具体实现细节和技术应用。

（3）结合自己的实际情况进行实践操作，不断调整参数和模型结构，进行优化和完善。

（4）在实践中不断探索和创新，发挥自己的想象力和创造力，为人工智能图像识别技术的发展做出贡献。

总之，本书旨在通过实践项目来帮助读者深入理解和掌握人工智能图像识别技术，提高读者的实际应用能力。希望读者能够认真阅读和学习本书的内容，并结合实际情况进行实践操作和应用拓展。

唐 林

2024 年 4 月

"为学之实，固在践履。苟徒知而不行，诚与不学无异。"这句话出自宋代杰出的哲学大师、教育家朱熹的著作《朱子大全·答曹元可》，其核心思想在于突出强调学问的本质在于实践验证，如果只是停留在理论认知层面而不付诸实际行动，那么这种学问就如同未曾学习过一样，毫无实际意义。换言之，朱熹倡导的是学习应与实践紧密结合，理论知识应当在实际操作中得到检验和升华，做到知行合一，学以致用，才能真正体现出学问的价值所在。这也是我们策划编写此书的核心理念。我们热切期望读者能通过编者精心编织的文字，身临其境般体验现实应用场景，并在完成各个项目任务的过程中，全面提升自身的综合素质。

人工智能的迅速发展将深刻改变人类社会生活，进而引发世界的巨大变革。过去几年，人工智能已经让一部分行业产生了变革，从国家发展层面来看，必将带来更大的机遇。我国正向着全面建成社会主义现代化强国的第二个百年奋斗目标迈进，人口老龄化、资源环境约束等挑战依然严峻，人工智能在教育、医疗、养老、环境保护、城市运行、司法服务等领域广泛应用，将极大提高公共服务精准化水平，全面提升人民生活品质。

每个人都能够在这场人工智能的变革中找到自己的角色，不论学历、不论行业。随着人工智能算法的工具化，使用人工智能技术的人群也必将从相关领域的科学家扩展到普通大众，让我们举一个目标检测的例子来解释说明。传统目标检测算法需要使用者具有非常深厚的数学功底和编程能力，要找到既懂业务又懂人工智能应用开发的人才非常困难；进入算法工具化时代之后，基于深度学习的目标检测不再需要定制算法，典型的应用开发流程变成了收集图片、标注图片、训练模型和部署模型，人们可以花更多的时间在分析业务需求上面，而不是模型开发上面。无论从事哪个行业，你都可以成为人工智能技术的真正驾驭者。

本书旨在让读者在短时间内成为人工智能图像识别技术的驾驭者。本书包含许多企业项目一线作业任务，主要以解决复杂的项目问题为核心，围绕着如何使用人工智能图像识别技术，由浅入深、层层递进，提升读者的综合思维能力和应用能力。项目1的案例来自工业零件图像处理资源库；项目2的案例来自农业科学研究院，通过解决病虫害的问题，学习图像增强的技能；项目3的案例来自动漫设计公司，通过解决人物自动设计的问题，学习图像标注的技能；项目4和项目5则紧贴系统集成公司在转型期面临的宠物店管理与自动驾驶行人检测难题，教授图像识别与目标检测技术；项目6为智慧社区交通工具检测，项目7为节能洗车房车牌识别，两个项目都巧妙利用人工智能技术捕捉新的发展机遇，分别成功解决了交通工具检测和洗车房车牌识别问题，进一步深化了读者对目标检测技术应用的娴熟度。

　　本书适合有"工学结合"需求的读者，特别是职业院校学生使用。希望在走上工作岗位时，读者能树立业务思维模式，坚定地站在业务的角度，把人工智能技术当成工具，综合地加以运用。就像驾校中的汽车一样，虽然有各种品牌和不同型号，但学习驾驶技能的方法都是一样的。书中涉及的相关工具软件为校企共建，通过互联网搭建了演示系统，提供了免费共享账号，有需要的读者可以扫码索取。

　　本书由兰州资源环境职业技术大学唐林担任主编，高政霞担任副主编。由于编者水平有限，书中难免存在疏漏和不足之处，恳请读者批评指正。

编　者

2024 年 4 月

目 录

项目1　工业零件图像处理 ·· 001
　　任务1　工程环境安装部署 ·· 001
　　任务2　图像采样和量化 ·· 008
　　任务3　图像表示与属性 ·· 013
　　任务4　图像平滑与锐化处理 ·· 018
　　任务5　图像特征提取 ·· 024

项目2　农业病虫害图像数据增强 ··· 027
　　任务1　工程环境准备 ·· 027
　　任务2　图像水平翻转 ·· 029
　　任务3　图像旋转 ··· 030
　　任务4　图像缩放 ··· 031
　　任务5　图像高斯噪声 ·· 033
　　任务6　图像高斯模糊 ·· 034
　　任务7　图像转灰度 ··· 036
　　任务8　图像增色调 ··· 037
　　任务9　图像增饱和度 ·· 039

项目3　动漫自动设计图像标注 ··· 042
　　任务1　工程环境准备 ·· 042
　　任务2　创建动漫人脸标签 ·· 043
　　任务3　创建标注任务 ·· 044
　　任务4　标注动漫人脸图片 ·· 045
　　任务5　完成标注任务 ·· 049
　　任务6　导出数据集 ··· 049

项目4　宠物管理猫狗检测 ··· 053
　　任务1　数据准备 ··· 053
　　任务2　工程环境准备 ·· 054
　　任务3　猫狗图片数据标注 ·· 057

任务 4　猫狗检测模型训练 ･･･････････････････････････････ 062
任务 5　猫狗检测模型评估 ･･･････････････････････････････ 080
任务 6　猫狗检测模型测试 ･･･････････････････････････････ 086
任务 7　猫狗检测模型部署 ･･･････････････････････････････ 095

项目 5　自动驾驶行人检测 ･･････････････････････････････ 105
任务 1　数据准备 ･･･････････････････････････････････････ 105
任务 2　工程环境准备 ･･･････････････････････････････････ 106
任务 3　行人图片数据标注 ･･･････････････････････････････ 109
任务 4　行人检测模型训练 ･･･････････････････････････････ 114
任务 5　行人检测模型评估 ･･･････････････････････････････ 133
任务 6　行人检测模型测试 ･･･････････････････････････････ 139
任务 7　行人检测模型部署 ･･･････････････････････････････ 147

项目 6　智慧社区交通工具检测 ･･････････････････････････ 158
任务 1　数据准备 ･･･････････････････････････････････････ 158
任务 2　工程环境准备 ･･･････････････････････････････････ 159
任务 3　交通工具图片数据标注 ･･･････････････････････････ 162
任务 4　交通工具检测模型训练 ･･･････････････････････････ 167
任务 5　交通工具检测模型评估 ･･･････････････････････････ 185
任务 6　交通工具检测模型测试 ･･･････････････････････････ 191
任务 7　交通工具检测模型部署 ･･･････････････････････････ 200

项目 7　节能洗车房车牌识别 ･･････････････････････････ 211
任务 1　数据准备 ･･･････････････････････････････････････ 211
任务 2　工程环境准备 ･･･････････････････････････････････ 212
任务 3　车牌图片数据标注 ･･･････････････････････････････ 215
任务 4　车牌识别模型训练 ･･･････････････････････････････ 220
任务 5　车牌识别模型评估 ･･･････････････････････････････ 239
任务 6　车牌识别模型测试 ･･･････････････････････････････ 245
任务 7　车牌识别模型部署 ･･･････････････････････････････ 253

参考文献 ･･･ 264

项目 1 工业零件图像处理

项目背景

在当今的工业生产线上，我们面临着许多挑战，其中之一就是零件识别和分类。这不仅关乎生产效率，更关乎产品的质量和安全。在一家汽车制造厂中，发动机零件的检测是一项至关重要的任务。发动机的性能和安全性与零件的精确度和质量直接相关。然而，传统的方法往往存在许多局限性，无法满足现代工业生产的复杂需求。为了满足大批量、高精度和高效率的生产需求，我们考虑利用图像处理技术来解决这个问题。

在这个过程中，我们还要关注图像处理技术的伦理和社会影响。需要思考如何在推动技术发展的同时，保障公众的利益和权益。需要在科技进步与社会发展之间找到一个平衡点，让技术真正为人类服务，而不是控制人类。

我们希望能够引发大家对于图像处理技术在工业自动化和质量控制中的应用和前景的思考，同时探讨科技与伦理、科技与社会的关系。

本项目需要准备大量的工业零件图片，对图片进行采样、量化、表示等操作。

能力目标

（1）准确识别和分类：通过图像处理技术，能够准确地对各种工业零件进行表示和采样。这包括对零件的形状、尺寸、颜色、纹理等特征的提取和匹配，以及识别零件上的标记、图案、文字等信息。

（2）提高生产效率：通过自动化和智能化的图像处理技术，能够提高生产线的检测速度和生产效率。这可以减少人工干预和操作时间，降低生产成本，并提高产品质量和一致性。

（3）自动化和智能化：通过机器视觉和图像处理技术，能够实现工业零件的自动化和智能化识别、分类、检测和跟踪。这可以提高生产过程的灵活性和适应性，满足不同生产需求和技术要求。

（4）数据分析和优化：通过图像处理技术，能够获取工业零件的各种数据和信息。通过对这些数据的分析和优化，可以进一步优化生产过程、提高生产效率和产品质量，并实现生产过程的可视化和可追溯。

任务 1　工程环境安装部署

【任务目标】

（1）确保工程环境符合项目需求，包括软件、硬件和网络环境等。
（2）确保工程环境的稳定性和可靠性，以满足项目进度和质量的要求。

（3）优化工程环境，提高工作效率和开发体验。

（4）确保工程环境的安全性和保密性，防范潜在的安全风险和漏洞。

（5）规范工程环境的安装部署过程，确保可重复性和可移植性。

（6）降低工程环境的维护成本，提高系统的可维护性和可扩展性。

（7）确保工程环境与相关系统的兼容性和互操作性。

（8）提高开发团队的合作效率和生产力，促进项目的顺利完成。

【任务操作】

步骤 1　安装 Anaconda

在 Ubuntu 上安装 Anaconda。

操作 1：在浏览器搜索框输入"anaconda"，找到官网点击登录，或输入网址 "https://www.anaconda.com/"登录 Anaconda 官网，如图 1.1 所示。

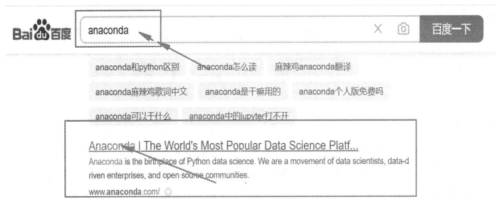

图 1.1　登录 Anaconda 官网

操作 2：鼠标选中"Products"，点击"Individual Edition"选项（Individual Edition 是免费版的），接下来看"Download"下方有三个图标，点击 Linux 的图标 Tus 小企鹅，会自动转到下载界面，根据自己的 Linux 操作系统选择对应版本。这里选择的是 Linux 的 "64-Bit（x86）Installer（737 MB）"版本进行安装，如图 1.2 所示。

图 1.2　下载 Linux 版本的 Anaconda

操作 3：将文件放到系统桌面上，如图 1.3 所示。

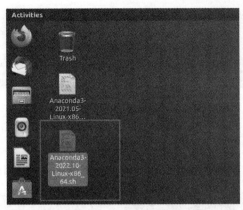

图 1.3　Anaconda

操作 4：点击鼠标右键启动一个终端，如图 1.4 所示。

图 1.4　启动终端

操作 5：输入 ll（注意是字母 l）查看当前目录下的全部文件。如果不是桌面，请使用 cd Desktop/ 切换到 Ubuntu 桌面，输入 ll 查看并找到 "Anaconda3-2022.10-Linux-x86_64.sh"，如图 1.5 所示。

```
                              ubuntutest@ubuntu: ~
File Edit View Search Terminal Help
ee "man sudo_root" for details.

buntutest@ubuntu:~$ ll
otal 84
rwxr-xr-x 14 ubuntutest ubuntutest 4096 Sep 21 22:32 ./
rwxr-xr-x  3 root       root       4096 Sep 21 22:25 ../
rw-r--r--  1 ubuntutest ubuntutest  220 Sep 21 22:25 .bash_logout
rw-r--r--  1 ubuntutest ubuntutest 3771 Sep 21 22:25 .bashrc
rwx------ 15 ubuntutest ubuntutest 4096 Sep 21 22:34 .cache/
rwx------ 11 ubuntutest ubuntutest 4096 Sep 21 22:35 .config/
rwxr-xr-x  2 ubuntutest ubuntutest 4096 Nov 18 02:07 Desktop/
rwxr-xr-x  2 ubuntutest ubuntutest 4096 Sep 21 22:32 Documents/
rwxr-xr-x  2 ubuntutest ubuntutest 4096 Sep 21 22:32 Downloads/
rw-r--r--  1 ubuntutest ubuntutest 8980 Sep 21 22:25 examples.desktop
rwx------  3 ubuntutest ubuntutest 4096 Sep 21 22:31 .gnupg/
rw-------  1 ubuntutest ubuntutest  318 Sep 21 22:32 .ICEauthority
rwx------  3 ubuntutest ubuntutest 4096 Sep 21 22:31 .local/
rwxr-xr-x  2 ubuntutest ubuntutest 4096 Sep 21 22:32 Music/
rwxr-xr-x  2 ubuntutest ubuntutest 4096 Sep 21 22:32 Pictures/
rw-r--r--  1 ubuntutest ubuntutest  807 Sep 21 22:25 .profile
rwxr-xr-x  2 ubuntutest ubuntutest 4096 Sep 21 22:32 Public/
rwxr-xr-x  2 ubuntutest ubuntutest 4096 Sep 21 22:32 Templates/
rwxr-xr-x  2 ubuntutest ubuntutest 4096 Sep 21 22:32 Videos/
buntutest@ubuntu:~$
```

图 1.5　Anaconda 安装过程 1

操作 6：确认 Anaconda 安装包放在/home/ubuntutest/gzx 目录下，用命令"sudo mv Anaconda3-2022.10-Linux-x86_64.sh /home/ubuntutest/gzx/"移动。然后使用命令"cd /home/ubuntutest/gzx"切换到/home/ubuntutest/gzx 目录下，输入 ll 进行查看，如图 1.6 所示。

图 1.6　Anaconda 安装过程 2

操作 7：运行 Anaconda 安装包，使用"bash Anaconda3-2022.10-Linux-x86_64.sh"命令，进入注册页面，按 Enter 键继续安装，如图 1.7 所示。

```
ubuntutest@ubuntu:~/gzx$ bash Anaconda3-2022.10-Linux-x86_64.sh

Welcome to Anaconda3 2022.10

In order to continue the installation process, please review the license
agreement.
Please, press ENTER to continue
>>>
```

图 1.7　Anaconda 安装过程 3

操作 8：一直输入 Enter 键，阅读注册信息，直到出现"yes|no"，然后输入"yes"，如图 1.8 所示。

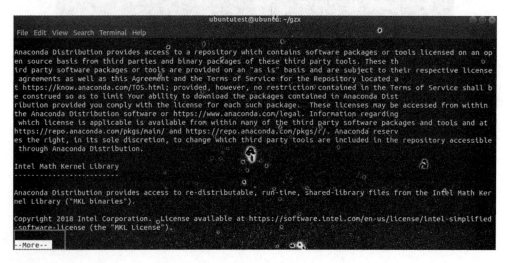

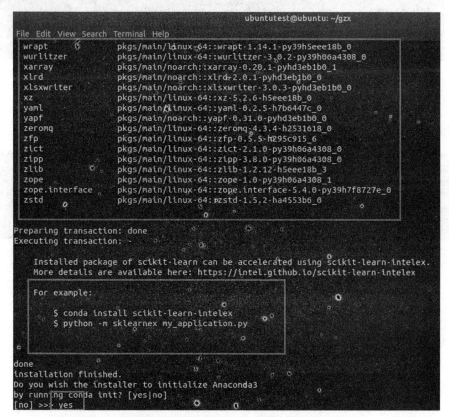

```
The following packages listed on https://www.anaconda.com/cryptography are included in the repository accessible
through Anaconda Distribution that relate to cryptography
Last updated February 25, 2022
Do you accept the license terms? [yes|no]
[no] >>>
Please answer 'yes' or 'no':'
>>>
Please answer 'yes' or 'no':'
>>>
```

图 1.8　Anaconda 安装过程 4

操作 9：单击 Enter 键后确认安装目录为默认目录，随后再次单击 Enter 键，如图 1.9 所示。

```
Please answer 'yes' or 'no':'
>>> yes

Anaconda3 will now be installed into this location:
/home/ubuntutest/anaconda3

  - Press ENTER to confirm the location
  - Press CTRL-C to abort the installation
  - Or specify a different location below

[/home/ubuntutest/anaconda3] >>>
```

图 1.9　Anaconda 安装过程 5

操作 10：确认环境变量配置，单击 Enter 键，如图 1.10 所示。

```
                                          ubuntutest@ubuntu: ~/gzx
File  Edit  View  Search  Terminal  Help
wrapt               pkgs/main/linux-64::wrapt-1.14.1-py39h5eee18b_0
wurlitzer           pkgs/main/linux-64::wurlitzer-3.0.2-py39h06a4308_0
xarray              pkgs/main/noarch::xarray-0.20.1-pyhd3eb1b0_1
xlrd                pkgs/main/noarch::xlrd-2.0.1-pyhd3eb1b0_0
xlsxwriter          pkgs/main/noarch::xlsxwriter-3.0.3-pyhd3eb1b0_0
xz                  pkgs/main/linux-64::xz-5.2.6-h5eee18b_0
yaml                pkgs/main/linux-64::yaml-0.2.5-h7b6447c_0
yapf                pkgs/main/noarch::yapf-0.31.0-pyhd3eb1b0_0
zeromq              pkgs/main/linux-64::zeromq-4.3.4-h2531618_0
zfp                 pkgs/main/linux-64::zfp-0.5.5-h295c915_6
zict                pkgs/main/linux-64::zict-2.1.0-py39h06a4308_0
zipp                pkgs/main/linux-64::zipp-3.8.0-py39h06a4308_0
zlib                pkgs/main/linux-64::zlib-1.2.12-h5eee18b_3
zope                pkgs/main/linux-64::zope-1.0-py39h06a4308_1
zope.interface      pkgs/main/linux-64::zope.interface-5.4.0-py39h7f8727e_0
zstd                pkgs/main/linux-64::zstd-1.5.2-ha4553b6_0

Preparing transaction: done
Executing transaction: -

    Installed package of scikit-learn can be accelerated using scikit-learn-intelex.
    More details are available here: https://intel.github.io/scikit-learn-intelex

    For example:

        $ conda install scikit-learn-intelex
        $ python -m sklearnex my_application.py

done
installation finished.
Do you wish the installer to initialize Anaconda3
by running conda init? [yes|no]
[no] >>> yes
```

图 1.10　Anaconda 安装过程 6

操作 11：输入密码后单击 Enter 键，直至安装成功，如图 1.11 所示。

```
                                            ubuntutest@ubuntu: ~/gzx
File Edit View Search Terminal Help
done
installation finished.
Do you wish the installer to initialize Anaconda3
by running conda init? [yes|no]
[no] >>> yes
modified      /home/ubuntutest/anaconda3/condabin/conda
modified      /home/ubuntutest/anaconda3/bin/conda
modified      /home/ubuntutest/anaconda3/bin/conda-env
no change     /home/ubuntutest/anaconda3/bin/activate
no change     /home/ubuntutest/anaconda3/bin/deactivate
no change     /home/ubuntutest/anaconda3/etc/profile.d/conda.sh
no change     /home/ubuntutest/anaconda3/etc/fish/conf.d/conda.fish
no change     /home/ubuntutest/anaconda3/shell/condabin/Conda.psm1
no change     /home/ubuntutest/anaconda3/shell/condabin/conda-hook.ps1
no change     /home/ubuntutest/anaconda3/lib/python3.9/site-packages/xontrib/conda.xsh
no change     /home/ubuntutest/anaconda3/etc/profile.d/conda.csh
no change     /home/ubuntutest/.bashrc

==> For changes to take effect, close and re-open your current shell. <==

If you'd prefer that conda's base environment not be activated on startup,
   set the auto_activate_base parameter to false:

conda config --set auto_activate_base false

Thank you for installing Anaconda3!

=================================================================================

Working with Python and Jupyter is a breeze in DataSpell. It is an IDE
designed for exploratory data analysis and ML. Get better data insights
with DataSpell.

DataSpell for Anaconda is available at: https://www.anaconda.com/dataspell
```

图 1.11　Anaconda 安装过程 7

操作 12：检查安装是否成功，打开一个新的终端，输入 "python"。输入 "exit（ ）" 可以退出 Python 环境，如图 1.12 所示。

```
ubuntutest@ubuntu:~$ python
Python 3.9.13 (main, Aug 25 2022, 23:26:10)
[GCC 11.2.0] :: Anaconda, Inc. on linux
Type "help", "copyright", "credits" or "license" for more information.
>>> exit()
ubuntutest@ubuntu:~$
```

图 1.12　Anaconda 安装过程 8

操作 13：输入 "conda --version" 查看安装是否成功，如图 1.13 所示。

```
ubuntutest@ubuntu:~$ conda --version
conda 22.9.0
ubuntutest@ubuntu:~$
```

图 1.13　Anaconda 安装完成

操作 14：使用命令 "conda env list" 查看 conda 虚拟环境清单列表，在终端中输入 "source activate base" 激活环境，如图 1.14 所示。

图 1.14　Anaconda 环境激活

步骤 2　创建工程目录

在开发环境中为本项目创建工程目录，在终端命令行窗口中执行以下操作。

*注意需要把命令中的地址换成对应的资源平台地址。

```
$ mkdir ~/projects/unit0
$ mkdir ~/projects/unit0/img
$ cd ~/projects/unit0/img
$ wget http://172.16.33.72/dataset/leaf.tar.gz
$ tar zxvf leaf.tar.gz
$ rm leaf.tar.gz
```

刷新目录后打开一张图片进行查看，结果如图 1.15 所示。

图 1.15　待处理的样例图

步骤 3　创建开发环境

创建名为 unit0 的虚拟环境，在 Python3.6 版本中的操作如下：

```
$ conda create -n unit0 python=3.6
```

输入"y"继续完成创建操作，然后执行以下操作激活开发环境。

```
$ conda activate unit0
```

在开发环境中安装 OpenCV 库和 imgaug 库，并查看结果。

```
$ pip install skimage matplotlib pillow opencv-python
```

【任务小结】

本任务创建了项目工程环境并安装部署了必备组件和模块，将相关图像数据导入平台中，具备了执行图像基本处理任务的基础条件。

任务 2　图像采样和量化

【任务目标】

（1）提高图像的分辨率和清晰度，以便更准确地提取零件的细节特征。

（2）降低图像的噪声和干扰，提高图像的质量，以便更准确地识别和分类零件。

（3）通过对图像的采样和量化，将图像转换为更适合进行计算机处理的形式，以便更高效地进行后续的计算机处理和识别任务。

（4）提高图像的健壮性，使其对光照、角度、形状等因素的干扰具有更好的适应性，以便更准确地识别和分类零件。

（5）通过对图像的采样和量化，提取出更多的特征信息，提高识别和分类的准确性。

【任务操作】

步骤 1　图像采样

采用最大值法进行图像采样，运行 u0_1.py 程序，执行以下操作并查看结果，如图 1.16 所示。

```python
from PIL import Image
# 读取图像
img = Image.open('1.jpg')
# 将图像转换为 RGB 模式（如果需要）
img = img.convert('RGB')
# 获取图像的宽度和高度
width, height = img.size
# 创建一个新的图像，大小为原图像的 1/4
new_width = width // 2
new_height = height // 2
new_img = Image.new('RGB', (new_width,new_height))
# 使用最大值方法进行图像采样
for i in range(new_width):
    for j in range(new_height):
        # 获取原图像中每个 1/4 区域的像素值
        pixel_values = [img.getpixel((i*2,j*2)),img.getpixel((i*2+1,j*2)),img.getpixel((i*2,j*2+1)),
img.getpixel((i*2+1,j*2+1))]
        # 使用 max()函数获取最大值
        max_value = max(pixel_values)
        # 将最大值作为新图像的像素值
```

```
        new_img.putpixel((i,j),max_value)
    # 保存新的图像
  new_img.save('u0_1.jpg')
```

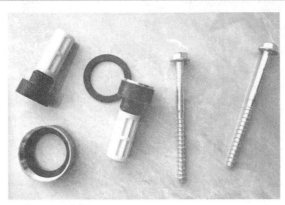

图 1.16 sampled_image.jpg

同学们可以尝试完成均值法图像采样。

步骤 2 图像量化

不同数量灰度级量化对图像质量的影响：运行 u0_2.py 程序，执行以下操作并查看结果，如图 1.17 所示。

```
from PIL import Image
# 读取图像
img = Image.open('1.jpg')
# 显示原始图像
img.show()
# 将图像转换为灰度图像
img_gray = img.convert('L')
# 定义灰度级数目
num_levels = 3
# 对图像进行量化操作
img_quantized = Image.new('L', img_gray.size,num_levels)
for i in range(img_gray.width):
    for j in range(img_gray.height):
        level = int(round(img_gray.getpixel((i,j)) * num_levels))
        img_quantized.putpixel((i,j),level)

# 显示量化后的图像
img_quantized.show()
```

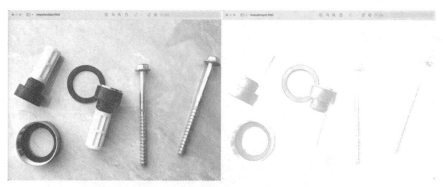

图 1.17 图像量化结果

运行 u0_3.py 程序，执行以下操作并查看结果，如图 1.18 所示。

```python
import cv2
import numpy as np
import matplotlib
# 切换为图形界面显示的终端 TkAgg
matplotlib.use('TkAgg')
import matplotlib.pyplot as plt
img=cv2.imread('1.jpg')
r1=np.zeros((img.shape[0],img.shape[1],3),np.uint8)
r2=np.zeros((img.shape[0],img.shape[1],3),np.uint8)
r3=np.zeros((img.shape[0],img.shape[1],3),np.uint8)
#图像量化等级为 2 的量化处理
for i in range(img.shape[0]):
    for j in range(img.shape[1]):
        for k in range(3):
            if img[i,j][k]<128:
                gray=0
            else:
                gray=128
            r1[i,j][k]=np.uint8(gray)
#图像量化等级为 4 的量化处理
for i in range(img.shape[0]):
    for j in range(img.shape[1]):
        for k in range(3):
            if img[i,j][k]<64:
                gray=0
            elif img[i,j][k]<128:
                gray=64
            elif img[i,j][k]<192:
```

```python
                gray=128
            else:
                gray=192
            r2[i,j][k]=np.uint8(gray)
#图像量化等级为8的量化处理
for i in range(img.shape[0]):
    for j in range(img.shape[1]):
        for k in range(3):
            if img[i,j][k]<32:
                gray=0
            elif img[i,j][k]<64:
                gray=32
            elif img[i,j][k]<96:
                gray=64
            elif img[i,j][k]<128:
                gray=96
            elif img[i,j][k]<160:
                gray=128
            elif img[i,j][k]<192:
                gray=160
            elif img[i,j][k]<224:
                gray=192
            else:
                gray=224
            r3[i,j][k]=np.uint8(gray)
plt.rcParams['font.sans-serif']=['SimHei']
titles=[u'(a)原始图像',u'(b)量化-L2',u'(c)量化-L4',u'(d)量化-L8']
images=[img,r1,r2,r3]
for i in range(4):
    plt.subplot(2,2,i+1)
    plt.imshow(images[i])
    plt.title(titles[i])
    #不显示横纵坐标
    plt.xticks([])
    plt.yticks([])
plt.show()
```

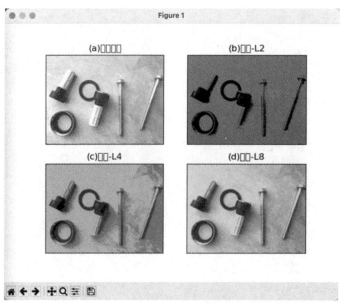

图 1.18　图像不同级别量化结果

【任务小结】

本任务中工业零件图像的采样和量化是一个涉及图像处理和机器视觉的重要任务。在工业零件图像处理中，采样可以帮助减少数据量，从而加快处理速度。然而，采样过程中可能会丢失一些重要的信息，因此需要选择合适的采样策略以尽可能保留重要信息。

图像量化过程中，将连续的像素值离散化。在工业零件图像处理中，量化可以帮助减少数据量，从而加快处理速度并降低存储需求。然而，量化过程中可能会丢失一些细节信息，因此需要选择合适的量化策略以尽可能保留细节信息。

任务难点：在工业零件图像的采样和量化任务中，存在以下难点。

（1）零件种类繁多。

工业零件种类繁多，每个零件都有不同的形状、大小和纹理特征。这使得针对特定零件的采样和量化方法可能需要定制化，增加了任务的复杂性。

（2）噪声和干扰。

工业环境中存在的噪声和干扰可能影响图像的质量，从而影响采样和量化的准确性。例如，光照不均、阴影、污染等都可能干扰图像处理的过程。

（3）精度要求高。

工业零件通常对处理精度要求很高，即使是很小的误差也可能导致生产过程中的问题。因此，选择合适的采样和量化方法以尽可能提高精度是非常重要的。

（4）处理速度要求快。

工业生产线通常要求处理速度非常快，以便实时监控和调整生产过程。因此，优化采样和量化方法以提高处理速度也是任务的关键难点之一。

随着机器学习和计算机视觉技术的不断发展，工业零件图像的采样和量化任务将继续得到改进和发展。未来的研究将更加注重自动化、智能化、高效化和实时性的采样和量化方法，以更好地满足工业应用的需求。同时，随着工业物联网（IIoT）的发展，工业零件图像的采样和量化任务将更加注重与生产过程的融合与协同，以实现更加智能化、自动化的生产过程监控和管理。因此，本任务可以考虑利用机器学习或者深度学习的方法采用和量化处理。

任务 3　图像表示与属性

【任务目标】

（1）提高零件识别和理解的准确性：通过将零件图像以三维立体的方式呈现，用户可以更直观地理解零件的结构和形状，从而提高识别和理解的准确性。

（2）优化产品设计：可视化技术可以帮助设计师更好地理解和评估零件的设计，从而进行更有效的优化。

（3）提高生产效率：通过可视化技术，可以在生产之前对零件进行详细的评估和优化，从而减少生产过程中的错误和浪费，提高生产效率。

（4）促进团队协作：可视化技术可以使得不同团队成员更容易理解和交流零件的设计和结构，促进团队协作。

【任务操作】

步骤 1　图像的表示

图像是人类对视觉感知的物质再现，是自然景物的客观反映，是人类认识世界和人类本身的重要源泉。"图"是物体反射或透射光的分布，"像"是人的视觉系统所接受的图在人脑中所形成的印象或认识。

1. 模拟图像

1826 年前后法国科学家约瑟夫·尼塞福尔·尼埃普斯（Joseph Nicéphore Nièpce）发明了第一张可永久保存的照片，属于模拟图像。模拟图像又称连续图像，它通过某种物理量（如光、电等）的强弱变化来记录图像亮度信息，所以是连续变换的。在图像处理中，像纸质照片、电视模拟图像等，这种通过某种物理量（如光、电等）的强弱变化来记录图像亮度信息的图像叫作模拟图像。

2. 数字图像

在第一次世界大战后，1921 年美国科学家发明了 Bartlane System（一种电缆图片传输系统），从伦敦到纽约传输了第一幅数字图像，其亮度用离散数值表示，将图片编码成 5 个灰度级，如图 1.19 所示，通过海底电缆进行传输。在发送端图片被编码并使用打孔带记录，通过系统传输后在接收方使用特殊的打印机恢复成图像。用一个数字阵列来表达客观物体的图像，是一个离散采样点的集合，每个点具有其各自的属性的图像叫作数字图像。

计算机采用 0/1 编码的系统，数字图像也是利用 0/1 来记录信息，我们平常接触的图像都是 8 位数图像，包含 0 ~ 255 灰度，其中 0 代表最黑，1 表示最白。

0	1	0	1	0
1	0	1	0	1
0	1	0	1	0
1	0	1	0	1
0	1	0	1	0

图 1.19　图像表示

3. 二值图像

二值图像是指仅仅包含黑色和白色两种颜色的图像。

二值图像是指将图像上的每一个像素只有两种可能的取值或灰度等级状态，人们经常用黑白、B&W、单色图像表示二值图像。在二值图像中，灰度等级只有两种，也就是说，图像中的任何像素点的灰度值均为 0 或 255，分别代表黑色和白色。计算机会将其中的白色像素点处理为"1"，将黑色像素点处理为"0"，以方便进行后续的存储和处理等操作。

二值图像只有黑色和白色两种不同的颜色，因此只使用一个比特位（0 或者 1）就能表示，通常用于文字、线条图的扫描识别。

此外，数字图像还可以被看作是连续图像的离散采样点的集合，每个点具有其各自的属性。这些离散采样点包括原点在内的规则网格，每个网格中心位置由一对坐标（x，y）决定。

步骤 2　图像的基本属性及其操作

工业零件原图如图 1.20 所示。

图 1.20　工业零件原图

图像亮度操作：运行 u0_4.py 程序，执行以下操作并查看结果，如图 1.21 所示。

```
from PIL import Image
import matplotlib
matplotlib.use('TkAgg')
import matplotlib.pyplot as plt
```

```
# 读取图像
img = Image.open('2.jpg')

# 显示原始图像
plt.imshow(img)
plt.show()

# 调整亮度
brightness_factor = 0.5  # 降低亮度,取值范围 0~1
img_bright = ImageEnhance.Brightness(img).enhance(brightness_factor)

# 显示调整亮度后的图像
plt.imshow(img_bright)
plt.show()

# 量化图像并保存结果
pixels = list(img_bright.getdata())
# 将像素值量化到 0~255 范围内,并保存为新的图像
new_img = Image.new('RGB', img_bright.size)
new_pixels = []
for pixel in pixels:
    new_pixel = tuple(round(value)for value in pixel)
    new_pixels.append(new_pixel)
new_img.putdata(new_pixels)
new_img.save('u0_4.jpg')
```

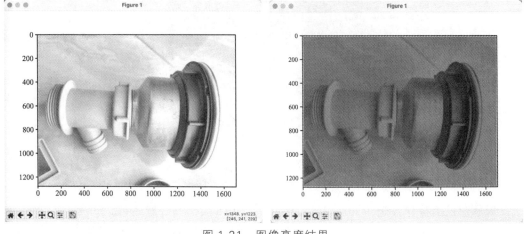

图 1.21　图像亮度结果

图像对比度操作:运行 u0_5.py 程序,执行以下操作并查看结果,如图 1.22 所示。

```
import numpy as np
from PIL import Image
import matplotlib
matplotlib.use('TkAgg')
import matplotlib.pyplot as plt
# 读取图像
img = Image.open('2.jpg')

# 将图像转换为 numpy 数组
img_array = np.array(img)

# 调整对比度,增加为提高对比度,减少为降低对比度
contrast_adjusted = np.multiply(img_array,3)

# 将 numpy 数组转换回图像
plt.imshow(contrast_adjusted)
plt.show()

# 保存处理后的图像
plt.imsave('u0_5.jpg', contrast_adjusted)
```

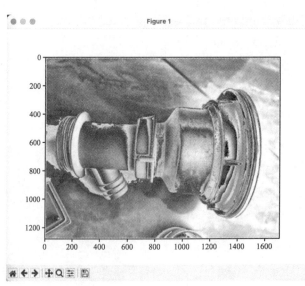

图 1.22　图像 3 倍对比度结果

图像颜色通道操作:运行 u0_6.py 程序,执行以下操作并查看结果,如图 1.23 所示。

```
import numpy as np
import matplotlib
matplotlib.use('TkAgg')
```

```python
import matplotlib.pyplot as plt
from PIL import Image

# 读取图像
img = Image.open('2.jpg')

# 将图像转换为 NumPy 数组
img_array = np.array(img)

# 显示原始图像
plt.imshow(img_array)
plt.show()

# 对颜色通道进行操作,例如将红色通道变为绿色通道

# 注意:这里以 RGB 图像为例,如果是其他颜色空间(如 HSV、CMYK 等),需要调整操作代码

red_channel = img_array[:,:,0]
green_channel = img_array[:,:,1]
blue_channel = img_array[:,:,2]

red_channel_new = green_channel
green_channel_new = blue_channel
blue_channel_new = red_channel

img_new = np.stack((red_channel_new,green_channel_new,blue_channel_new),axis=-1)

# 显示处理后的图像
plt.imshow(img_new)
plt.show()

# 量化图像并保存结果,例如将图像的像素值量化到 0~255 范围内
quantized_img =(img_new *255).astype(np.uint8)

# 保存量化后的图像为新的文件
plt.imsave('u0_6.jpg', quantized_img)
```

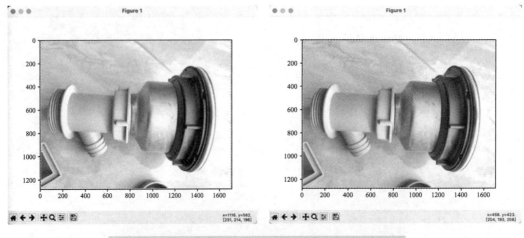

图 1.23　图像颜色通道处理结果

　　本任务主要做了图像的亮度、对比度、颜色通道操作，涉及图像表示和基本属性操作，通过该操作突出工业零件的敏感区域或者感兴趣区域，增加识别精度。

任务 4　图像平滑与锐化处理

【任务目标】

　　（1）增强图像的边缘和细节，以提高图像的清晰度和对比度。平滑处理可以减少图像中的噪声和细节模糊，而锐化处理则强调图像中的边缘和细节。
　　（2）平滑处理可以使图像更加均匀，减少噪声和细节模糊，从而更容易凸显出重要的特征。这有助于提高检测和分类的准确性。

（3）锐化处理强调图像中的边缘和细节，使图像的局部特征更加突出。这对于识别和检测工业零件的细微特征非常重要，可以提高识别和检测的精度。

【任务操作】

步骤 1　图像平滑处理

图像平滑处理操作：运行 u0_7.py 程序，执行以下操作并查看结果，如图 1.24 所示。

```
from PIL import Image
import numpy as np
import cv2
import matplotlib
matplotlib.use('TkAgg')
import matplotlib.pyplot as plt

# 读取图像
img = Image.open('3.jpg')

# 将图像转换为 numpy 数组
img_array = np.array(img)

# 定义滤波器大小(平滑的程度)
kernel_size = 20

# 执行平均滤波
smoothed_array = cv2.blur(img_array,(kernel_size,kernel_size))

# 将平滑后的 numpy 数组转换回图像
smoothed_img = Image.fromarray(smoothed_array)

# 显示原始图像和平滑后的图像
fig,axs = plt.subplots(1,2)
axs[0].imshow(img)
axs[0].set_title('Original Image')
axs[1].imshow(smoothed_img)
axs[1].set_title('Smoothed Image')
plt.show()
```

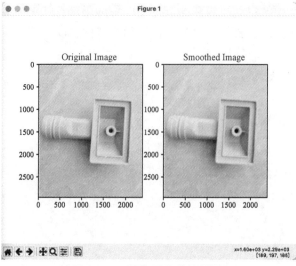

图 1.24　图像平滑处理结果

　　图像盒装平滑滤波处理操作：运行 u0_8.py 程序，执行以下操作并查看结果，如图 1.25 所示。

```python
from PIL import Image,ImageFilter

# 读取图像
img = Image.open('3.jpg')

# 进行盒装平滑滤波处理
filtered_img = img.filter(ImageFilter.BoxBlur(5))

# 保存处理后的图像
filtered_img.save('u0_8.jpg')
```

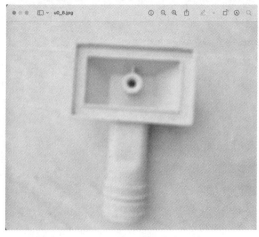

图 1.25　图像盒装平滑滤波处理结果

图像高斯平滑滤波处理操作：运行 u0_9.py 程序，执行以下操作并查看结果，如图 1.26 所示。

```
from PIL import Image,ImageFilter

# 读取图像
img = Image.open('3.jpg')

# 进行高斯平滑滤波处理
img_filtered = img.filter(ImageFilter.GaussianBlur(radius=5))

# 保存结果图像
 img_filtered.save('u0_9.jpg')
```

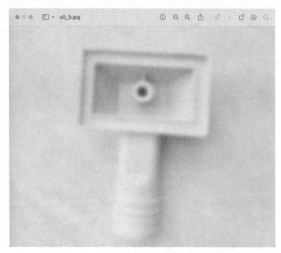

图 1.26　图像高斯平滑滤波处理结果

步骤 2　图像锐化处理

图像罗伯特锐化处理操作：运行 u0_10.py 程序，执行以下操作并查看结果，如图 1.27 所示。

```
from PIL import Image,ImageFilter

def roberts_sharpening(image_path):
    # 读取图像
    img = Image.open(image_path)

    # 转换为灰度图像
    img_gray = img.convert('L')
```

```
# 进行罗伯特锐化处理
img_sharpened = img_gray.filter(ImageFilter.SHARPEN)

# 保存处理后的图像
img_sharpened.save('u0_10.jpg')

# 调用函数进行罗伯特锐化处理
roberts_sharpening('3.jpg')
```

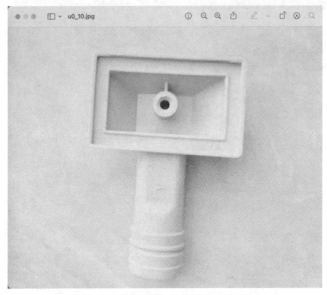

图 1.27　图像罗伯特锐化处理结果

图像罗伯特Sobel算子锐化处理操作：运行 u0_11.py 程序，执行以下操作并查看结果，如图 1.28 所示。

```
import cv2
import numpy as np

# 读取图像
img = cv2.imread('3.jpg')

# 转换为灰度图像
gray = cv2.cvtColor(img,cv2.COLOR_BGR2GRAY)

# Sobel 算子
sobel_x = np.array([[-1,0,1],[-2,0,2],[-1,0,1]])
sobel_y = np.array([[1,2,1],[0,0,0],[-1,-2,-1]])
```

```
# 卷积操作
img_x = cv2.filter2D(gray,-1,sobel_x)
img_y = cv2.filter2D(gray,-1,sobel_y)

# 合并 x 和 y 方向的结果
grad = cv2.addWeighted(img_x,0.5,img_y,0.5,0)

# 显示结果
cv2.imshow('Input', img)
cv2.imshow('Sobel', grad)
cv2.waitKey(0)
cv2.destroyAllWindows()
```

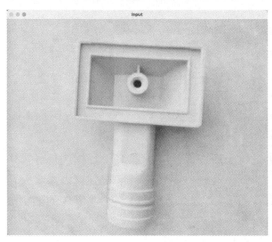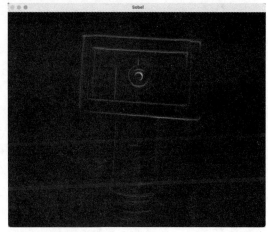

图 1.28　图像 Sobel 算子锐化处理结果

图像 Scharr 算子锐化处理操作：运行 u0_12.py 程序，执行以下操作并查看结果，如图 1.29 所示。

```
import cv2
#import cv2.ximgproc as ximgproc
import numpy as np

# 读取图像
img = cv2.imread('3.jpg', cv2.IMREAD_GRAYSCALE)
cv2.imshow('Original Image', img)
# Scharr 算子
scharr = cv2.Scharr(img,cv2.CV_64F,1,0) # 在 x 方向上使用 Scharr
img = img.astype(np.float32)
scharr = scharr.astype(np.float32)
scharr = cv2.addWeighted(img,0.5,scharr,0.5,0) # 结合原图和 Scharr 结果
```

```
# 将结果显示出来
cv2.imshow('Scharr Edge Detection', scharr)
cv2.waitKey(0)
cv2.destroyAllWindows()
```

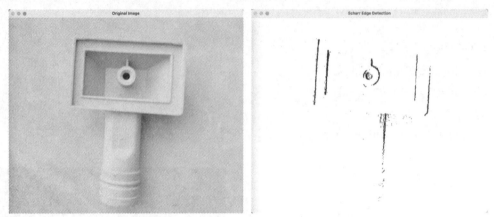

图 1.29　图像 Scharr 算子锐化处理结果

【任务小结】

在工业零件图像处理任务中，平滑处理和锐化处理技术的应用取决于具体的任务需求。例如，如果需要检测工业零件表面的缺陷或者杂质，可能需要先进行平滑处理以减少噪声和细节，然后再进行锐化处理以突出缺陷或者杂质的边缘；如果需要识别工业零件的形状或者结构，可能只需要进行锐化处理以增强边缘和细节。

本任务中，平滑处理通过将图像中的像素值平均化或者以某种方式进行修正，以达到减少图像中的细节和噪声的目的。平滑处理常用在图像预处理阶段，为后续的图像分析或者机器学习任务提供一个更干净、更一致的图像数据集。常见的平滑处理算法有高斯平滑、中值滤波等。

锐化处理通过强化图像中像素值的变化，使得图像中的边缘和细节更加明显。锐化处理常用在需要提高图像清晰度或者突出图像中特定特征的任务中。常见的锐化处理算法有罗伯特、拉普拉斯算子、Sobel 算子等。

总的来说，平滑处理和锐化处理都是图像处理中的重要技术，它们在不同的任务中有各自的应用。选择哪种技术取决于具体的任务需求以及对图像质量的要求。

任务 5　图像特征提取

【任务目标】

（1）提取图像中的特征信息，如角点、直线、边缘等，以用于后续的匹配和识别。

（2）对零件图像进行定位和姿态的检测，以保证加工精度和效率。

步骤 1　图像特征提取

图像特征提取操作：运行 u0_13.py 程序，执行以下操作并查看结果，如图 1.30 所示。

```
import cv2

# 读取图像
img = cv2.imread('1.jpg')

# 创建 SIFT 对象
sift = cv2.SIFT_create()

# 提取特征点
keypoints = sift.detect(img,None)

# 绘制特征点
img_with_keypoints = cv2.drawKeypoints(img,keypoints,None)

# 显示结果图像
cv2.imshow('Image with Keypoints', img_with_keypoints)
cv2.waitKey(0)
cv2.destroyAllWindows()
```

图 1.30　图像特征提取结果

【任务小结】

本任务主要是图像特征提取，而工业零件图像特征提取是计算机视觉领域中的一个重要任务，它可以为后续的分类、识别、检测等任务提供有力的支持。在实际应用中，需要根据具体场景和需求选择合适的预处理方法、特征提取方法和深度学习模型，并对其进行优化和评估，以实现更好的性能和效果。

项目 2 农业病虫害图像数据增强

项目背景

热爱家乡的你从学校毕业后，回到了所在市的一家农业科学研究所工作。该市所辖的一个县为助力乡村振兴，引入了木薯种植产业，质优物美的木薯淀粉成为乡亲们致富的出路。你所在的团队接到了一个关于木薯叶病虫害检测的项目，需要通过图像识别检测出病虫害的种类，以此来帮助种植户快速找到问题原因，对症下药，及时采取应对措施。项目启动会上，领导告诉大家：如果项目实施效果满意，会推广到全省甚至其他省，帮助更多的种植户解决类似的问题，所以请大家务必重视这个项目的实用性和通用性。工作开始后，团队从现场采集到了一部分照片，种植户也提供了一部分病虫害的照片，大约有 100 张。项目经理要求提供 1000 张的图片用于数据标注和模型训练，这项工作落到你的肩头，请尽快完成数据扩充的工作。

提示：深层神经网络一般都需要一定数量级的训练数据才能获得理想的结果，但是很多实际项目，我们都难以有充足的数据来完成任务，要保证完美地完成任务，有两件事情需要做好：① 寻找更多的数据；② 充分利用已有的数据进行数据增强。在计算机视觉中，典型的数据增强方法有翻转、旋转、缩放、调整灰度、调整亮度、调整色调和饱和度等。数据增强的好处是提高模型的健壮性，避免过拟合。本项目提供了 9 种常见的图像数据增强方法，请跟我们一起完成项目任务。

能力目标

（1）专业知识能力：通过农业病虫害图像数据增强模块，了解和掌握图像增强的基本原理和方法，掌握农业病虫害的图像处理技术。这些知识和技能将有助于为未来的农业领域工作做好准备。

（2）实践操作能力：通过实验和实践环节，学会如何使用农业病虫害图像数据增强模块，并能够根据实际需求进行自定义和优化。同时，还可以通过实践操作，加深对理论知识的理解和掌握。

（3）爱国情怀和社会责任感：介绍我国在农业病虫害图像数据增强领域的贡献和成就，增强民族自豪感，激发爱国热情。同时，强调农业病虫害图像数据增强模块对于保障农业生产安全和促进农村经济发展的重要性，引导大家认识科学技术对于社会发展的贡献，激发社会责任感。

任务 1 工程环境准备

【任务目标】

准备数据增强对应的工程环境。

【任务操作】

步骤1　创建工程目录

在开发环境中为本项目创建工程目录，在终端命令行窗口中执行以下操作。

注意：需要把命令中的地址换成对应的资源平台地址。

```
$ mkdir ~/projects/unit1
$ mkdir ~/projects/unit1/img
$ cd ~/projects/unit1/img
$ wget http://172.16.33.72/dataset/leaf.tar.gz
$ tar zxvf leaf.tar.gz
$ rm leaf.tar.gz
```

刷新目录后打开一张图片进行查看，结果如图2.1所示。

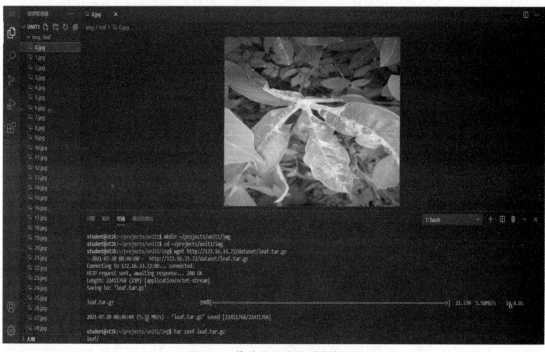

图 2.1　待处理的木薯叶样例图

步骤2　创建开发环境

创建名为 unit1 的虚拟环境，在 Python3.6 版本中执行的操作如下：

```
$ conda create -n unit1 python=3.6
```

输入"y"继续完成操作，然后执行以下操作激活开发环境。

```
$ conda activate unit1
```

在开发环境中安装 OpenCV 库和 imgaug 库，并查看结果，如图2.2所示。

```
$ pip install opencv-python imgaug
```

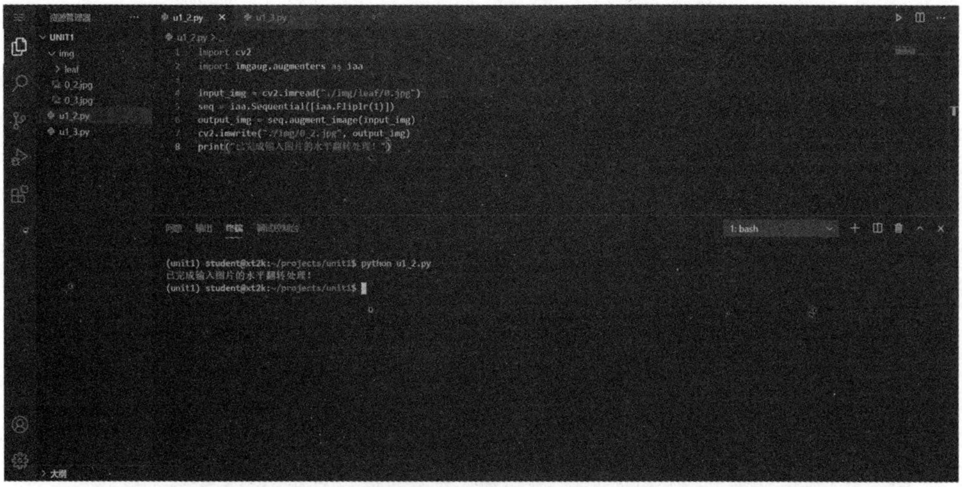

图 2.2　创建开发环境

【任务小结】

本任务我们创建了项目工程环境并把相关图像数据导入平台中，具备了执行数据增强任务的基础条件。

任务 2　图像水平翻转

【任务目标】

对原始图片进行水平翻转处理，输出另存为新的图片文件。

【任务操作】

步骤 1　创建处理文件

在开发环境中打开/home/student/projects/unit1/目录，创建 u1_2.py 图片处理文件，把以下内容写入 u1_2.py 文件中。主要内容包括导入 opencv、imgaug 库，利用 opencv 库读取输入图片文件，利用 imgaug 库创建一个水平翻转序列增强器，利用 imgaug 库对输入图片进行操作，利用 opencv 库输出图片文件。

```
import cv2
import imgaug.augmenters as iaa

input_img = cv2.imread("./img/leaf/0.jpg")
seq = iaa.Sequential([iaa.Fliplr(1)])
output_img = seq.augment_image(input_img)
```

```
cv2.imwrite("./img/0_2.jpg", output_img)
print("已完成输入图片的水平翻转处理!")
```

步骤 2　处理图片

运行 u1_2.py 程序，执行以下操作并查看结果，如图 2.3 和图 2.4 所示。

```
$ conda activate unit1
$ python u1_2.py
```

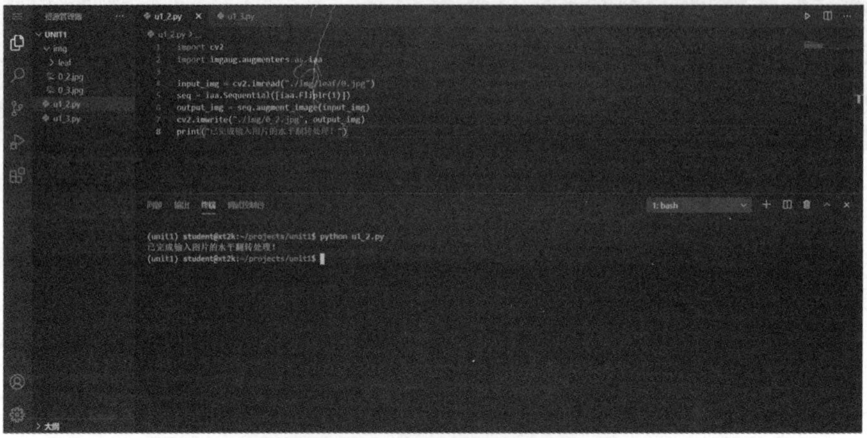

图 2.3　图像水平翻转任务

图 2.4　水平翻转图片

【任务小结】

本任务我们对原始图片进行水平翻转处理并输出另存为新的图片文件。

任务 3　图像旋转

【任务目标】

对原始图片进行旋转处理，输出另存为新的图片文件。

【任务操作】

步骤1　创建处理文件

在开发环境中打开/home/student/projects/unit1/目录，创建 u1_3.py 图片处理文件，将以下内容写入 u1_3.py 文件中。主要操作包括导入 opencv、imgaug 库，利用 opencv 库读取输入图片文件，利用 imgaug 库创建一个旋转序列增强器，利用 imgaug 库对输入图片进行操作，利用 opencv 库输出图片文件。

```
import cv2
import imgaug.augmenters as iaa
input_img = cv2.imread("./img/leaf/0.jpg")
seq = iaa.Sequential([iaa.Affine(rotate=(-30,30))])
output_img = seq.augment_image(input_img)
cv2.imwrite("./img/0_3.jpg", output_img)
print("已完成输入图片的旋转处理!")
```

步骤2　处理图片

运行 u1_3.py 程序，执行以下操作并查看结果，如图 2.5 和图 2.6 所示。

```
$ python u1_3.py
```

图 2.5　图像旋转任务

图 2.6　旋转 30° 图片

【任务小结】

本任务对原始图片进行旋转处理，输出另存为新的图片文件。

任务 4　图像缩放

【任务目标】

对原始图片进行缩放处理，输出另存为新的图片文件。

步骤1 创建处理文件

在开发环境中打开/home/student/projects/unit1/目录，创建 u1_4.py 图片处理文件，将以下内容写入 u1_4.py 文件中。主要操作包括导入 opencv、imgaug 库，利用 opencv 库读取输入图片文件，利用 imgaug 库创建一个缩放（350 像素正方形）序列增强器，利用 imgaug 库对输入图片进行操作，利用 opencv 库输出图片文件。

```python
import cv2
import imgaug.augmenters as iaa


input_img = cv2.imread("./img/leaf/0.jpg")
seq = iaa.Sequential([iaa.Resize(size=[350,350],interpolation='nearest')])
output_img = seq.augment_image(input_img)
cv2.imwrite("./img/0_4.jpg", output_img)
print("已完成输入图片的缩放处理!")
```

步骤2 处理图片

运行 u1_4.py 程序，执行以下操作并查看结果，如图 2.7 和图 2.8 所示。

```
$ python u1_4.py
```

图 2.7 图像缩放任务

图 2.8　缩放为 350×350 尺寸的图片

【任务小结】

本任务我们对原始图片进行缩放处理并输出另存为新的图片文件。

任务 5　图像高斯噪声

【任务目标】

对原始图片进行高斯噪声处理，输出另存为新的图片文件。

【任务操作】

步骤 1　创建处理文件

在开发环境中打开/home/student/projects/unit1/目录，创建 u1_5.py 图片处理文件，将以下内容写入 u1_5.py 文件中。主要操作包括导入 opencv、imgaug 库，利用 opencv 库读取输入图片文件，利用 imgaug 库创建一个高斯噪声序列增强器，利用 imgaug 库对输入图片进行操作，利用 opencv 库输出图片文件。

```
import cv2
import imgaug.augmenters as iaa

input_img = cv2.imread("./img/leaf/0.jpg")
seq = iaa.Sequential([iaa.AdditiveGaussianNoise(scale=(0,0.05 * 255))])
output_img = seq.augment_image(input_img)
cv2.imwrite("./img/0_5.jpg", output_img)
print("已完成输入图片的高斯噪声处理!")
```

步骤 2　处理图片

运行 u1_5.py 程序，执行以下操作并查看结果，如图 2.9 和图 2.10 所示。

$ python u1_5.py

图 2.9　图像高斯噪声任务

图 2.10　加入高斯噪声的图片

【任务小结】

本任务我们对原始图片进行高斯噪声处理并输出另存为新的图片文件。

任务 6　图像高斯模糊

【任务目标】

对原始图片进行高斯模糊处理，输出另存为新的图片文件。

【任务操作】

步骤1 创建处理文件

在开发环境中打开/home/student/projects/unit1/目录，创建 u1_6.py 图片处理文件，将以下内容写入 u1_6.py 文件中。主要操作包括导入 opencv、imgaug 库，利用 opencv 库读取输入图片文件，利用 imgaug 库创建一个高斯模糊序列增强器，利用 imgaug 库对输入图片进行操作，利用 opencv 库输出图片文件。

```
import cv2
import imgaug.augmenters as iaa

input_img = cv2.imread("./img/leaf/0.jpg")
seq = iaa.Sequential([iaa.GaussianBlur(sigma=(0.0,3.0))])
output_img = seq.augment_image(input_img)
cv2.imwrite("./img/0_6.jpg", output_img)
print("已完成输入图片的高斯模糊处理!")
```

步骤2 处理图片

运行 u1_6.py 程序，执行以下操作并查看结果，如图 2.11 和图 2.12 所示。

```
$ python u1_6.py
```

图 2.11 图像高斯模糊任务

图 2.12　高斯模糊任务结果

【任务小结】

本任务我们对原始图片进行高斯模糊处理并输出另存为新的图片文件。

任务 7　图像转灰度

【任务目标】

对原始图片进行转灰度处理，输出另存为新的图片文件。

【任务操作】

步骤 1　创建处理文件

在开发环境中打开/home/student/projects/unit1/目录，创建 u1_7.py 图片处理文件，将以下内容写入 u1_7.py 文件中。主要操作包括导入 opencv、imgaug 库，利用 opencv 库读取输入图片文件，利用 imgaug 库创建一个转灰度序列增强器，利用 imgaug 库对输入图片进行操作，利用 opencv 库输出图片文件。

```
import cv2
import imgaug.augmenters as iaa

input_img = cv2.imread("./img/leaf/0.jpg")
seq = iaa.Sequential([iaa.Grayscale(alpha=(0.0,1.0))])
output_img = seq.augment_image(input_img)
cv2.imwrite("./img/0_7.jpg", output_img)
print("已完成输入图片的转灰度处理!")
```

步骤 2　处理图片

运行 u1_7.py 程序，执行以下操作并查看结果，如图 2.13 和图 2.14 所示。

```
$ python u1_7.py
```

图 2.13　图像转灰度任务操作

图 2.14　图像灰度处理结果

【任务小结】

本任务我们对原始图片进行转灰度处理，输出另存为新的图片文件。

任务 8　图像增色调

【任务目标】

对原始图片进行增色调处理，输出另存为新的图片文件。

步骤 1　创建处理文件

在开发环境中打开/home/student/projects/unit1/目录，创建 u1_9.py 图片处理文件，将以下内容写入 u1_9.py 文件中。主要操作包括导入 opencv、imgaug 库，利用 opencv 库读取输入图片文件，利用 imgaug 库创建一个增色调序列增强器，利用 imgaug 库对输入图片进行操作，利用 opencv 库输出图片文件。

```
import cv2
import imgaug.augmenters as iaa
input_img = cv2.imread("./img/leaf/0.jpg")
seq = iaa.Sequential([iaa.AddToHue((-150,150))])
output_img = seq.augment_image(input_img)
cv2.imwrite("./img/0_9.jpg", output_img)
print("已完成输入图片的增色调处理!")
```

步骤 2　处理图片

运行 u1_9.py 程序，执行以下操作并查看结果，如图 2.15 和图 2.16 所示。

```
$ python u1_9.py
```

图 2.15　图像增色调任务操作

图 2.16　增色调处理结果

本任务我们对原始图片进行增色调处理并输出另存为新的图片文件。

任务 9　图像增饱和度

【任务目标】

对原始图片进行增饱和度处理，输出另存为新的图片文件。

【任务操作】

步骤 1　创建处理文件

在开发环境中打开/home/student/projects/unit1/目录，创建 u1_10.py 图片处理文件，将以下内容写入 u1_10.py 文件中。主要操作包括导入 opencv、imgaug 库，利用 opencv 库读取输入图片文件，利用 imgaug 库创建一个增饱和度序列增强器，利用 imgaug 库对输入图片进行操作，利用 opencv 库输出图片文件。

```python
import cv2
import imgaug.augmenters as iaa


input_img = cv2.imread("./img/leaf/0.jpg")
seq = iaa.Sequential([iaa.AddToSaturation((-150,150))])
output_img = seq.augment_image(input_img)
cv2.imwrite("./img/0_10.jpg", output_img)
print("已完成输入图片的增饱和度处理!")
```

步骤 2 处理图片

运行 u1_10.py 程序，执行以下操作并查看结果，如图 2.17 和图 2.18 所示。

```
$ python u1_10.py
```

图 2.17 图像增饱和度任务操作

图 2.18 图像增饱和度处理结果

【任务小结】

本任务我们对原始图片进行增饱和度处理并输出另存为新的图片文件。

【项目小结】

祝贺你和你的团队，木薯叶病虫害检测项目的图片顺利从 100 张扩充到了 1000 张，为项目的后续工作打下了良好的基础。在本项目中用到的 Imgaug 库是一个已经封装好的、用来进行图像数据增强的 Python 库，可以将输入图片转换成多种输出图片。

多学一点：为了防止过拟合，数据增强应运而生。随着神经网络层数的增加，模型需要学习的参数也会随之增加，这样就更容易产生过拟合，也就是模型对训练数据识别度很高但是对于测试数据的准确率却很低。除了数据增强，还有正则化、Dropout 等方式可以防止过拟合。数据增强可以分为有监督的数据增强和无监督的数据增强方法。其中，有监督的数据增强又可以分为单样本数据增强和多样本数据增强方法，无监督的数据增强又可以分为生成新的数据和学习增强策略两个方向。祝愿你在未来的学习中掌握更多的技能，在实际工作中选择最有效的防止过拟合的方法，成为一名优秀的工程师。

项 目 3 动漫自动设计图像标注

项目背景

热爱生活的你毕业后进入了一家动漫设计公司。虽然这是一家创业公司，但是却有一个包含数百万卡通形象的数据库，设计师只需要输入某个经典卡通人物的名字，马上就能得到关于这个卡通的图片和视频，以此帮助设计师寻找灵感。你所在的团队接到了一个新的任务，目标是帮助设计师"快速"锁定原型，主要方式是：设计师提供卡通人物的图片，系统自动创作类似的卡通形象，设计师只需根据新人物的特点进行针对性的调整设计即可。项目启动会上，领导告诉大家：这是一个全新的尝试，不管结果怎么样，希望大家齐心协力、努力攻关。工作开始后，项目团队被分成两个小组，你所在的小组负责实现卡通形象的识别，找到相关特征值；另外的小组负责把特征值进行调整，生成新的卡通形象。

提示：计算机视觉是人工智能的一个重要方向，是人机交互的基础之一，它负责解释接收到的图片和视频数据。图像标注在计算机视觉中起着至关重要的作用，通过标注可以让计算机具备以下能力：目标检测、目标分割、图像分类、姿态预测和关键点识别等。本项目介绍常用的图像标注方法，包括矩形框和关键点。其中，矩形框主要用于训练计算机的目标检测能力，关键点主要用于关键特征识别。请跟我们一起完成项目任务。

能力目标

（1）创新意识和创新能力：通过引入创新概念和方法，引导认识创新对于解决问题的重要性，并激发创新意识。同时，鼓励通过自主学习和实践探索，不断提高自身创新能力。

（2）实践操作能力：通过实验和实践环节，学会如何使用动漫自动设计图像标注模块，并能够根据实际需求进行自定义和优化。同时，通过实践操作，加深对理论知识的理解和掌握。

（3）文化自信和传承意识：引入中国传统文化和动漫元素的结合，引导了解和认识中国文化的博大精深和独特魅力。同时，强调传承和创新的重要性，鼓励将传统文化与现代科技相结合，为动漫产业的发展贡献自己的力量。

（4）行业规范和职业道德：引入动漫行业的规范和标准，引导了解和遵守职业道德和行业规范。同时，强调诚信、责任和公正的重要性，引导在职业生涯中树立良好的职业道德和行业形象。

任务 1 工程环境准备

【任务目标】

准备数据标注对应的工程环境，把需要标注的数据存放到 data 子目录中。

步骤 1 创建工程目录

在开发环境中为本项目创建工程目录，在终端命令行窗口中执行以下操作。注意：需要把命令中的地址换成对应的资源平台地址。

```
$ cd ~/data
$ wget http://172.16.33.72/dataset/cartoon_face.tar.gz
$ tar zxvf cartoon_face.tar.gz
$ rm zxvf cartoon_face.tar.gz
```

刷新目录，打开 0.jpg 图片进行查看，如图 3.1 所示。

图 3.1 待处理动漫图片

【任务小结】

本任务我们创建了项目工程环境并把需要标注的数据放到了 data 子目录中。

任务 2 创建动漫人脸标签

【任务目标】

创建标注标签，因为标签属于标注项目，所以我们需要先创建一个标注项目。

【任务操作】

步骤 1 创建标注项目

在图像标注工具中，创建名称为"动漫自动设计图像标注"的标注项目。

步骤 2　添加标注标签

（1）添加 8 类标签，分别是脸框、脸颊、嘴唇、鼻子、左眼、右眼、左眉、右眉，注意设置为不同的颜色标签以示区分。

（2）点击"提交"完成标签的创建，如图 3.2 所示。

图 3.2　创建新项目

【任务小结】

本任务我们创建了 8 类标注标签，后续可以进入下一步标注任务。

任务 3　创建标注任务

【任务目标】

为标注工作创建任务。

【任务操作】

步骤 1　创建标注任务

（1）创建一个名称为"动漫人脸标注"的标注任务。

（2）"项目"选择任务 1 中完成的"动漫自动设计图像标注"。

步骤 2　选择数据文件

（1）选择"连接共享文件"。

（2）选择任务 1 中生成的数据子目录。

（3）点击"提交"完成标签的创建，如图 3.3 所示。

图 3.3 创建新任务

【任务小结】

本任务我们创建了标注任务，可以开始图像标注工作。注意一个项目可以有多个任务，如训练集标注任务、验证集标注任务等，在这里我们仅创建了一个"动漫人脸标注"任务。

任务 4 标注动漫人脸图片

【任务目标】

对数据图片进行标注，其中"脸框"标签用矩形框方法标注，其他 7 类标签用关键点方法标注。

【任务操作】

步骤 1 进入标注工作区

打开"动漫人脸标注"任务，点击左下方的"作业"进入标注工作，如图 3.4 所示。

注意："作业"旁边的"0-99"帧代表这个任务中一共有 100 张图片等待标注。

图 3.4　进入作业标注工作区

步骤 2　选择矩形框工具

（1）在左侧的工具栏中选择"绘制新的四边形"工具。

（2）标签下拉选择"脸框"。

（3）绘图方法选择"2 点绘图"。

（4）鼠标左键点击"形状"进入矩形框标注，如图 3.5 所示。

图 3.5　选择矩形框工具

步骤 3　矩形框标注

（1）点击鼠标左键，在卡通人像的脸部拉出一个矩形，然后再次点击鼠标左键或按字母 N 完成标注。

（2）用鼠标放大图像，确保四个边缘与脸部图像贴合。

（3）"脸框"标注完成后，可以点击锁按钮，避免后面的误操作，如图 3.6 所示。

图 3.6　矩形框标注

步骤 4　选择关键点工具

（1）在左侧的工具栏中选择"绘制新的点"工具。

（2）标签下拉选择"脸颊"。

（3）点的数量输入"3"。

（4）鼠标左键点击"形状"进入关键点标注，如图 3.7 所示。

图 3.7　选择关键点工具

步骤 5　关键点标注

（1）点击鼠标左键，在卡通人像的脸部分别点出 3 个点，然后再次点击鼠标左键或按字母 N 完成标注。

（2）"脸颊"标注位置如图 3.8 所示，标注完成后可以点击锁按钮，避免后面的误操作。

图 3.8　关键点标注

步骤 6　完成标注

重复步骤 4 和步骤 5，完成以下标签的标注，如图 3.9 所示。

（1）关键点标注"嘴唇"，点的数量为"3"；

（2）关键点标注"鼻子"，点的数量为"3"；

（3）关键点标注"左眼"，点的数量为"3"；

（4）关键点标注"右眼"，点的数量为"3"；

（5）关键点标注"左眉"，点的数量为"3"；

（6）关键点标注"右眉"，点的数量为"3"。

图 3.9　图像标注完成

【任务小结】

本任务我们掌握了矩形框标注和关键点标注方法，对一张数据图片进行了标注。

任务 5　完成标注任务

标注完剩下的图像，并掌握保存方法。

步骤 1　标注下一张图

（1）在上方的工具栏，点击"下一帧"。

（2）重复上个任务中的矩形框标注、关键点标注。

步骤 2　保存标注

在上方的工具栏，点击"保存"，避免工作丢失，如图 3.10 所示。

图 3.10　保存任务

本任务我们通过下一帧、保存等操作，完成了所有数据的标注工作。

任务 6　导出数据集

将标注好的数据导出，给团队其他同事使用。

步骤 1 导出标注文件

（1）选择"菜单"→"导出为数据集"→"导出为 CVAT for images 1.1"，如图 3.11 所示。

图 3.11 导出数据集

（2）导出的压缩包文件保存在浏览器默认下载目录中。

（3）解压缩后打开 xml 文件，可以用来查看标注数据或做中间转换处理，如图 3.12 所示。

图 3.12 查看任务

步骤 2　导出为数据集文件

（1）选择"菜单"→"导出为数据集"→"导出为 TFRecord 1.0"，如图 3.13 所示。

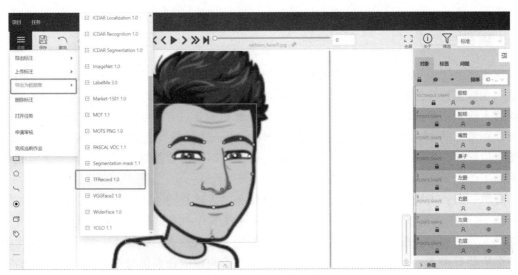

图 3.13　导出为数据集

（2）导出的压缩包文件也保存在浏览器默认下载目录中。

（3）解压缩后打开文件，可以用来训练模型，如图 3.14 所示。

图 3.14　查看导出情况

【任务小结】

本任务我们将标注好的数据导出，解压缩后给团队其他同事训练或获取中间结果使用。

【项目小结】

祝贺你掌握了矩形框标注和关键点标注的方法。在本项目中所做的工作也是一个典型的人脸识别数据标注过程，人脸识别已经广泛地应用在公共安全、电子支付、身份验证等场景。而随着人脸识别算法的不断改进，特征点位也从最初的4点、5点到21点、29点、68点，以及现在常见的186点、270点等。由于这个项目是卡通图像，因此项目经理要求按照21点特征点位标注，数据标注完成后，你的团队还需要做后续的数据训练等步骤，才能实现特征提取的工作。

多学一点：人脸识别的过程中有4个关键任务：人脸检测、人脸对齐、人脸编码（即特征提取）、人脸匹配。其中，人脸检测的目的是寻找图片中人脸的位置；人脸对齐是将不同角度的人脸图像对齐成同一种标准的形状，比如先定位人脸上的特征点，然后通过几何变换，使各个特征点对齐；人脸编码也就是特征提取，人脸图像的像素值会被转换成可判别的特征向量；在人脸匹配过程中，两个特征向量会进行比较，从而得到一个相似度分数，该分数给出了两者属于同一个主体的可能性。当然，为了防止欺骗，通常还会加入生物识别、活体检测等任务。祝愿你在未来的学习中掌握更多的技能，在实际工作中选择最有效的数据标注方法，以终为始，不断提高标注的技巧，成为一名优秀的工程师。

项目 4 宠物管理猫狗检测

项目背景

电子信息专业的你毕业后进入了一家系统集成公司，公司正在从传统的计算机和网络系统集成公司升级转型为一个具备 AI（人工智能）能力的信息系统集成公司。由于你在学校学习了图像识别相关知识，这下可派上用场了。团队承接了一个系统集成的项目，客户是北京三里屯某宠物店，养了数十只猫和狗，200 m² 的店面分成三个区域，一个是猫生活区，一个是狗生活区，还有一个面积较大的是客人撸猫撸狗区。客户遇到的问题是，猫咪和狗狗会趁人不注意的时候，走错生活区，管理员小姐姐除了每隔一两小时查看之外，还希望引入一个更自动的方法，让店里的摄像机判断是否有宠物待在了不该待的生活区。承接这个项目后，项目经理组建了团队，要做的第一个工作就是通过图像识别猫和狗，然后判断是不是出现在了不该出现的区域，最后通过与硬件设备的关联实现自动检测和语音报警提示。项目经理分配给你的任务是：根据拿到的数据和预训练模型，生成一个准确率较高的图像识别模型，实现输入一张图片能够识别猫和狗。

提示：猫狗识别对于计算机视觉中来说，是最典型的任务之一，项目经理已经提供了数百张照片和一组预训练模型。本项目我们要做的是亲自动手，从数据标注到模型训练再到模型导出等任务，来实现可以用于边缘设备部署的模型。

能力目标

（1）专业知识能力：通过学习宠物管理猫狗检测模块，了解和掌握猫狗检测的基本原理和方法，包括图像处理、特征提取、分类器设计等。这些知识和技能将有助于为未来的宠物管理领域工作做好准备。

（2）实践操作能力：通过实验和实践环节，学会如何使用宠物管理猫狗检测模块，并能够根据实际需求进行自定义和优化。同时，通过实践操作，加深对理论知识的理解和掌握。

（3）安全意识：在宠物管理猫狗检测模块的应用过程中，需要保障人身安全、数据安全和隐私保护。强调安全意识的重要性，生活中务必增强安全意识，宠物出门拴绳或采取一定措施，防止咬伤他人。了解和掌握数据安全和隐私保护的基本知识和方法，确保在未来的工作中能够遵守相关规定和要求。

任务 1 数据准备

【任务目标】

准备好充足的原始图片数据，这些原始图片数据对于整个工程项目而言是至关重要的。我们需要从项目实际需求场景中采集原始图片，经过简单数据筛选后选择对于整个项目有意义的、样本均衡的数据作为项目所用数据集，科学地划分为训练集、验证集和测试集，以便后续的项目开发、评估和测试使用。

【任务操作】

步骤1 数据采集

感谢项目经理和团队的其他同事，已经准备好了相关图片数据。

步骤2 数据整理

（1）将数据下载到工作目录，解压缩。

（2）在终端命令行窗口中执行以下操作。注意：第二行命令需要把地址换成对应的资源平台地址。

```
$ cd ~/data
$ wget http://172.16.33.72/dataset/cat_dog.tar.gz
$ tar zxvf cat_dog.tar.gz
```

【任务小结】

数据采集途径有多种，可以去公开的数据集下载，例如 Kaggle 数据集、Amazon 数据集、UCI 机器学习资源库、谷歌数据集搜索引擎、微软数据集等；也可以使用自己工作中的照片图片等图像来制作数据集。

本任务我们获得了项目团队提供的猫狗图片数据，并成功把原始数据导入操作平台中为下面的数据标注工作做好了基础准备。

在终端命令行窗口中执行以下操作，查看输出结果，如图 4.1 所示。

```
$ cd ~/data/cat_dog
$ ls
```

```
student@xt2k:~/data$ cd cat_dog/
student@xt2k:~/data/cat_dog$ ls
test  train  val
student@xt2k:~/data/cat_dog$
```

图 4.1 查看猫狗图片数据

任务2 工程环境准备

【任务目标】

如果要对数据进行标注，对模型进行训练、评估和部署，必须先准备对应的工程环境。

【任务操作】

步骤 1　创建工程目录

在开发环境中打开，并为本项目创建工程目录。在终端命令行窗口中执行以下操作。

```
$ mkdir ~/projects/unit3
$ mkdir ~/projects/unit3/data
$ cd ~/projects/unit3
```

步骤 2　创建开发环境

创建名为 unit3 的虚拟环境，使用 Python3.6 版本。

```
$ conda create -n unit3 python=3.6
```

输入"y"继续完成操作，然后激活开发环境。

```
$ conda activate unit3
```

步骤 3　配置 GPU 环境

安装 tensorflow-gpu1.15 环境。

```
$ conda install tensorflow-gpu=1.15
```

输入"y"继续完成操作，如图 4.2 所示。

图 4.2　配置 GPU 环境

步骤 4　配置依赖环境

在开发环境中打开/home/student/projects/unit3 目录，创建依赖清单文件

requirements.txt，将以下内容写入 requirements.txt 清单文件中，然后执行命令，安装依赖

库环境，如图 4.3 所示。

```
# requirements.txt
Cython
contextlib2
matplotlib
pillow
lxml
jupyter
pycocotools
click
PyYAML
joblib
autopep8
$ conda activate unit3
$ pip install -r requirements.txt
```

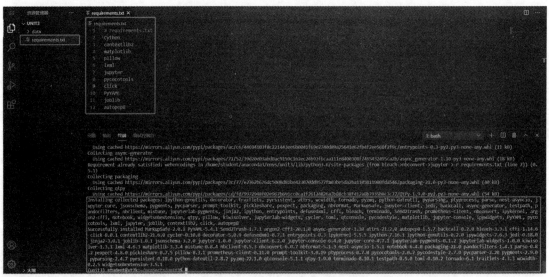

图 4.3　安装所需包和模块

步骤 5　配置目标检测库环境

（1）安装中育 object_detection 库和中育 slim 库。

（2）在终端命令行窗口中执行以下操作，完成后删除安装程序。注意：第一行和第三行
命令需要把地址换成对应的资源平台地址。

```
$ wget http://172.16.33.72/dataset/dist/zy_od_1.0.tar.gz
$ pip install zy_od_1.0.tar.gz
```

```
$ wget http://172.16.33.72/dataset/dist/zy_slim_1.0.tar.gz
$ pip install zy_slim_1.0.tar.gz
$ rm zy_slim_1.0.tar.gz zy_od_1.0.tar.gz
```

步骤 6 验证环境

在终端命令行窗口中执行以下操作，如图 4.4 所示。注意：需要把地址换成对应的资源平台地址。

```
$ wget http://172.16.33.72/dataset/script/env_test.py
$ python env_test.py
```

图 4.4 验证环境

【任务小结】

中育 object_detection 库和中育 slim 库为目标检测模型库，通过这两个库，程序可以生成基础的目标检测模型。

本任务我们完成了人工智能基础开发环境的安装和中育目标检测模型库的安装与测试。目前已经完成项目工程环境的安装配置，具备数据标注、模型训练、评估和部署的基础条件。

任务 3 猫狗图片数据标注

【任务目标】

使用图片标注工具完成数据标注，导出为数据集文件，并保存标签映射文件。

步骤 1　添加标注标签

（1）创建名称为"宠物管理猫狗检测"的标注项目。

（2）添加 2 类标签，分别为 cat、dog，如图 4.5 所示。注意设置为不同的颜色标签以示区分。

图 4.5　创建新项目

步骤 2　创建训练集任务

（1）任务名称为"宠物管理猫狗检测训练集"。

（2）任务子集选择 Train。

（3）选择文件使用"连接共享文件"，选中任务 1 中整理的 train 子目录，如图 4.6 所示。

图 4.6　创建新任务

步骤3 标注训练集数据

（1）打开"宠物管理猫狗检测训练集"，点击左下方的"作业"，如图4.7所示。

图4.7 标注宠物管理猫狗检测训练集

（2）使用加锁，可以避免对已标注的对象误操作，如图4.8所示。

（3）将一张图片中的对象标注完成后，点击上方"下一帧"。

图4.8 加锁

（4）继续标注，直至整个数据集标注完成。

步骤4 导出标注训练集

选择"菜单"→"导出为数据集"→"导出为 TFRecord 1.0"，如图4.9所示。

图 4.9　导出数据集

标注完成的数据导出后是一个压缩包 zip 文件，保存在浏览器默认的下载路径中。将这个文件解压缩，并把 default.tfrecord 重命名为 train.tfrecord。

步骤 5　创建验证集任务

（1）任务名称为"宠物管理猫狗检测验证集"。

（2）任务子集选择 Validation。

（3）选择文件使用"连接共享文件"，选中任务 1 中整理的 val 子目录，如图 4.10 所示。

图 4.10　创建新任务，连接共享文件

步骤 6　标注验证集数据

（1）打开"宠物管理猫狗检测验证集"，点击左下方的"作业"，如图 4.11 所示。

图 4.11　打开验证集进入作业

（2）将一张图片中的对象标注完成后，点击上方"下一帧"。

（3）继续标注，直至整个数据集标注完成。

步骤 7　导出标注验证集

（1）选择"菜单"→"导出为数据集"→"导出为 TFRecord 1.0"。

（2）标注完成的数据集导出后是一个压缩文件，保存在浏览器默认的下载路径中，将这个文件解压缩后会得到 default.tfrecord 和 label_map.pbtxt 文件，把 default.tfrecord 重命名为 val.tfrecord。

（3）找到之前保存好的 train.tfrecord 文件，把 val.tfrecord、train.tfrecord、label_map.pbtxt 三个文件存放到一起备用。

步骤 8　上传文件

打开系统提供的 winSCP 工具，找到之前准备好的 val.tfrecord、train.tfrecord、label_map.pbtxt 文件，把这三个文件一同上传到数据处理服务器中的 home/student/projects/unit3/data 目录下，如图 4.12 所示。

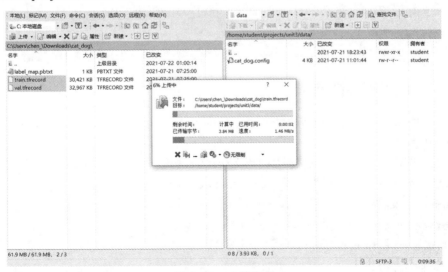

图 4.12　上传文件

本任务我们使用图像标注工具对之前导入操作平台中的图片数据进行标注，并从图像标注工具导出了 label_map.pbtxt 标签映射文件，以及 train.tfrecord、val.tfrecord 两个数据集文件（见图 4.13），下面会利用这三个文件来训练我们自己的猫狗模检测型算法。

```
(unit3) student@xt2k:~/projects/unit3$ cd data
(unit3) student@xt2k:~/projects/unit3/data$ ls
label_map.pbtxt  train.tfrecord  val.tfrecord
(unit3) student@xt2k:~/projects/unit3/data$
```

图 4.13　查看数据集文件

任务 4　猫狗检测模型训练

【任务目标】

搭建训练模型，配置预训练模型参数，对已标注的数据集进行训练，得到训练模型。

【任务操作】

步骤 1　搭建模型

在开发环境中打开预训练模型相关目录。

```
$ cd ~/projects/unit3
$ mkdir pretrain_models
$ cd pretrain_models
```

下载算法团队提供的预训练模型，并解压缩。注意：需要把地址换成对应的资源平台地址。

```
$ wget http://172.16.33.72/dataset/dist/zy_ptm_u3.tar.gz
$ tar zxvf zy_ptm_u3.tar.gz
$ rm zy_ptm_u3.tar.gz
```

步骤 2　配置训练模型

在开发环境中打开/home/student/projects/unit3/data 目录，创建模型配置文件 cat_dog.config。

（1）主干网络配置。主干网络是整个模型训练的基础，标记了当前模型识别的物体类别等重要信息。本项目猫狗识别为两类，因此 num_classes 为 2。

```
num_classes:2
box_coder {
 faster_rcnn_box_coder {
   y_scale:10.0
   x_scale:10.0
```

```
      height_scale:5.0
      width_scale:5.0
    }
  }
  matcher {
    argmax_matcher {
      matched_threshold:0.5
      unmatched_threshold:0.5
      ignore_thresholds:false
      negatives_lower_than_unmatched:true
      force_match_for_each_row:true
    }
  }
  similarity_calculator {
    iou_similarity {
    }
  }
```

（2）先验框配置和图片分辨率配置。image_resizer 表示模型输入图片分辨率，在本例中为标准的 300×300，因此 height 为 300，width 为 300。

```
  anchor_generator {
    ssd_anchor_generator {
      num_layers:6
      min_scale:0.2
      max_scale:0.95
      aspect_ratios:1.0
      aspect_ratios:2.0
      aspect_ratios:0.5
      aspect_ratios:3.0
      aspect_ratios:0.3333
    }
  }
  image_resizer {
    fixed_shape_resizer {
      height:300
      width:300
    }
  }
```

（3）边界预测框配置。

```
    box_predictor {
     convolutional_box_predictor {
      min_depth:0
      max_depth:0
      num_layers_before_predictor:0
      use_dropout:false
      dropout_keep_probability:0.8
      kernel_size:1
      box_code_size:4
      apply_sigmoid_to_scores:false
      conv_hyperparams {
       activation:RELU_6,
       regularizer {
        l2_regularizer {
         weight:0.00004
        }
       }
       initializer {
        truncated_normal_initializer {
         stddev:0.03
         mean:0.0
        }
       }
       batch_norm {
        train:true,
        scale:true,
        center:true,
        decay:0.9997,
        epsilon:0.001,
       }
      }
     }
    }
```

（4）特征提取网络配置。

```
    feature_extractor {
     type:'ssd_mobilenet_v2'
     min_depth:16
     depth_multiplier:1.0
```

```
conv_hyperparams {
  activation:RELU_6,
  regularizer {
    l2_regularizer {
      weight:0.00004
    }
  }
  initializer {
    truncated_normal_initializer {
      stddev:0.03
      mean:0.0
    }
  }
  batch_norm {
    train:true,
    scale:true,
    center:true,
    decay:0.9997,
    epsilon:0.001,
  }
 }
}
```

（5）模型损失函数配置。

```
loss {
  classification_loss {
    weighted_sigmoid {
    }
  }
  localization_loss {
    weighted_smooth_l1 {
    }
  }
  hard_example_miner {
    num_hard_examples:3000
    iou_threshold:0.99
    loss_type:CLASSIFICATION
    max_negatives_per_positive:3
    min_negatives_per_image:3
```

```
    }
    classification_weight:1.0
    localization_weight:1.0
  }
  normalize_loss_by_num_matches:true
  post_processing {
  batch_non_max_suppression {
    score_threshold:1e-8
    iou_threshold:0.6
    max_detections_per_class:100
    max_total_detections:100
  }
  score_converter:SIGMOID
  }
```

（6）训练集数据配置。batch_size 代表批处理每次迭代的数据量，initial_learning_rate 代表初始学习率，fine_tune_checkpoint 指向预训练模型文件，input_path 指向训练集的 tfrecord 文件，label_map_path 指向标签映射文件。

```
train_config:{
  batch_size:12
  optimizer {
   rms_prop_optimizer:{
    learning_rate:{
     exponential_decay_learning_rate {
      initial_learning_rate:0.004
      decay_steps:1000
      decay_factor:0.95
     }
    }
    momentum_optimizer_value:0.9
    decay:0.9
    epsilon:1.0
   }
  }
  fine_tune_checkpoint:"pretrain_models/zy_ptm_u3/model.ckpt"
  fine_tune_checkpoint_type: "detection"
  num_steps:2000
  data_augmentation_options {
   random_horizontal_flip {
   }
```

```
    }
   data_augmentation_options {
    ssd_random_crop {
     }
    }
   }

  train_input_reader:{
   tf_record_input_reader {
    input_path:"data/train.tfrecord"
   }
   label_map_path:"data/label_map.pbtxt"
  }
```

（7）验证集数据配置。num_examples 代表验证集样本数量，input_path 指向验证集的 tfrecord 文件，label_map_path 指向标签映射文件。

```
  eval_config:{
   num_examples:50
   max_evals:1
  }

  eval_input_reader:{
   tf_record_input_reader {
    input_path:"data/val.tfrecord"
   }
   label_map_path:"data/label_map.pbtxt"
   shuffle:false
   num_readers:1
  }
```

模型配置文件 cat_dog.config 文件完整内容如下：

```
#cat_dog.config
model {
 ssd {
   num_classes:2
   box_coder {
    faster_rcnn_box_coder {
     y_scale:10.0
     x_scale:10.0
     height_scale:5.0
```

```
      width_scale:5.0
    }
  }
  matcher {
    argmax_matcher {
      matched_threshold:0.5
      unmatched_threshold:0.5
      ignore_thresholds:false
      negatives_lower_than_unmatched:true
      force_match_for_each_row:true
    }
  }
  similarity_calculator {
    iou_similarity {
    }
  }
  anchor_generator {
    ssd_anchor_generator {
      num_layers:6
      min_scale:0.2
      max_scale:0.95
      aspect_ratios:1.0
      aspect_ratios:2.0
      aspect_ratios:0.5
      aspect_ratios:3.0
      aspect_ratios:0.3333
    }
  }
  image_resizer {
    fixed_shape_resizer {
      height:300
      width:300
    }
  }
  box_predictor {
    convolutional_box_predictor {
      min_depth:0
      max_depth:0
      num_layers_before_predictor:0
```

```
      use_dropout:false
      dropout_keep_probability:0.8
      kernel_size:1
      box_code_size:4
      apply_sigmoid_to_scores:false
      conv_hyperparams {
        activation:RELU_6,
        regularizer {
          l2_regularizer {
            weight:0.00004
          }
        }
        initializer {
          truncated_normal_initializer {
            stddev:0.03
            mean:0.0
          }
        }
        batch_norm {
          train:true,
          scale:true,
          center:true,
          decay:0.9997,
          epsilon:0.001,
        }
      }
    }
  }
  feature_extractor {
    type:'ssd_mobilenet_v2'
    min_depth:16
    depth_multiplier:1.0
    conv_hyperparams {
      activation:RELU_6,
      regularizer {
        l2_regularizer {
          weight:0.00004
        }
      }
```

```
    initializer {
      truncated_normal_initializer {
        stddev:0.03
        mean:0.0
       }
     }
    batch_norm {
      train:true,
      scale:true,
      center:true,
      decay:0.9997,
      epsilon:0.001,
     }
   }
 }
loss {
  classification_loss {
    weighted_sigmoid {
    }
  }
  localization_loss {
    weighted_smooth_l1 {
    }
  }
  hard_example_miner {
    num_hard_examples:3000
    iou_threshold:0.99
    loss_type:CLASSIFICATION
    max_negatives_per_positive:3
    min_negatives_per_image:3
  }
  classification_weight:1.0
  localization_weight:1.0
}
normalize_loss_by_num_matches:true
post_processing {
  batch_non_max_suppression {
    score_threshold:1e-8
    iou_threshold:0.6
```

```
        max_detections_per_class:100
        max_total_detections:100
      }
     score_converter:SIGMOID
    }
  }
}

train_config:{
  batch_size:12
  optimizer {
    rms_prop_optimizer:{
      learning_rate:{
        exponential_decay_learning_rate {
          initial_learning_rate:0.004
          decay_steps:1000
          decay_factor:0.95
        }
      }
      momentum_optimizer_value:0.9
      decay:0.9
      epsilon:1.0
    }
  }
  fine_tune_checkpoint:"pretrain_models/zy_ptm_u3/model.ckpt"
  fine_tune_checkpoint_type: "detection"
  num_steps:2000
  data_augmentation_options {
    random_horizontal_flip {
    }
  }
  data_augmentation_options {
    ssd_random_crop {
    }
  }
}

train_input_reader:{
  tf_record_input_reader {
```

```
    input_path:"data/train.tfrecord"
  }
  label_map_path:"data/label_map.pbtxt"
}

eval_config:{
  num_examples:50
  max_evals:1
}

eval_input_reader:{
  tf_record_input_reader {
    input_path:"data/val.tfrecord"
  }
  label_map_path:"data/label_map.pbtxt"
  shuffle:false
  num_readers:1
}
```

步骤3　创建训练程序

在开发环境中打开/home/student/projects/unit3/目录，创建训练程序 train.py。

（1）导入训练所需模块和函数。

```
import functools
import json
import os
import tensorflow as tf
from object_detection.builders import dataset_builder
from object_detection.builders import graph_rewriter_builder
from object_detection.builders import model_builder
from object_detection.legacy import trainer
from object_detection.utils import config_util
```

（2）定义输入参数。

```
os.environ["TF_CPP_MIN_LOG_LEVEL"] = '3'
tf.logging.set_verbosity(tf.logging.INFO)
flags = tf.app.flags
flags.DEFINE_string('master', '', '')
flags.DEFINE_integer('task', 0,'task id')
flags.DEFINE_integer('num_clones', 1,'')
flags.DEFINE_boolean('clone_on_cpu', False,'')
```

```
flags.DEFINE_integer('worker_replicas', 1,'')
flags.DEFINE_integer('ps_tasks', 0,'')
flags.DEFINE_string('train_dir', '', 'Directory to save the checkpoints and training summaries.')
flags.DEFINE_string('pipeline_config_path', '', 'Path to a pipeline config.')
flags.DEFINE_string('train_config_path', '', 'Path to a train_pb2.TrainConfig.')
flags.DEFINE_string('input_config_path', '', 'Path to an input_reader_pb2.InputReader.')
flags.DEFINE_string('model_config_path', '', 'Path to a model_pb2.DetectionModel.')
FLAGS = flags.FLAGS
```

（3）训练主函数：加载模型配置。

```
@tf.contrib.framework.deprecated(None,'Use object_detection/model_main.py.')
def main(_):
  assert FLAGS.train_dir,'`train_dir` is missing.'
  if FLAGS.task == 0:tf.gfile.MakeDirs(FLAGS.train_dir)
  if FLAGS.pipeline_config_path:
    configs = config_util.get_configs_from_pipeline_file(FLAGS.pipeline_config_path)
    if FLAGS.task == 0:
      tf.gfile.Copy(FLAGS.pipeline_config_path,
              os.path.join(FLAGS.train_dir,'pipeline.config'),
              overwrite=True)
  else:
    configs = config_util.get_configs_from_multiple_files(
        model_config_path=FLAGS.model_config_path,
        train_config_path=FLAGS.train_config_path,
        train_input_config_path=FLAGS.input_config_path)
    if FLAGS.task == 0:
      for name,config in [('model.config', FLAGS.model_config_path),
                  ('train.config', FLAGS.train_config_path),
                  ('input.config', FLAGS.input_config_path)]:
        tf.gfile.Copy(config,os.path.join(FLAGS.train_dir,name),
              overwrite=True)

  model_config = configs['model']
  train_config = configs['train_config']
  input_config = configs['train_input_config']
  model_fn = functools.partial(
    model_builder.build,
    model_config=model_config,
    is_training=True)
```

（4）训练主函数：设计模型线程和迭代循环。

```python
def get_next(config):
  return dataset_builder.make_initializable_iterator(
    dataset_builder.build(config)).get_next()

create_input_dict_fn = functools.partial(get_next,input_config)

env = json.loads(os.environ.get('TF_CONFIG', '{}'))
cluster_data = env.get('cluster', None)
cluster = tf.train.ClusterSpec(cluster_data)if cluster_data else None
task_data = env.get('task', None)or {'type': 'master', 'index': 0}
task_info = type('TaskSpec', (object,),task_data)

ps_tasks = 0
worker_replicas = 1
worker_job_name = 'lonely_worker'
task = 0
is_chief = True
master = ''

if cluster_data and 'worker' in cluster_data:
  worker_replicas = len(cluster_data['worker'])+ 1
if cluster_data and 'ps' in cluster_data:
  ps_tasks = len(cluster_data['ps'])

if worker_replicas > 1 and ps_tasks < 1:
  raise ValueError('At least 1 ps task is needed for distributed training.')

if worker_replicas >= 1 and ps_tasks > 0:
  server = tf.train.Server(tf.train.ClusterSpec(cluster),protocol='grpc',
                job_name=task_info.type,
                task_index=task_info.index)
  if task_info.type == 'ps':
    server.join()
    return
  worker_job_name = '%s/task:%d' %(task_info.type,task_info.index)
  task = task_info.index
  is_chief =(task_info.type == 'master')
  master = server.target
```

（5）训练主函数：记录训练日志，配置训练函数参数。

```python
graph_rewriter_fn = None
```

```python
if 'graph_rewriter_config' in configs:
    graph_rewriter_fn = graph_rewriter_builder.build(
        configs['graph_rewriter_config'],is_training=True)

    trainer.train(
        create_input_dict_fn,
        model_fn,
        train_config,
        master,
        task,
        FLAGS.num_clones,
        worker_replicas,
        FLAGS.clone_on_cpu,
        ps_tasks,
        worker_job_name,
        is_chief,
        FLAGS.train_dir,
        graph_hook_fn=graph_rewriter_fn)
    print("模型训练完成!")


if __name__ == '__main__':
    tf.app.run()
```

训练程序 train.py 文件完整内容如下：

```python
# train.py
import functools
import json
import os
import tensorflow as tf
from object_detection.builders import dataset_builder
from object_detection.builders import graph_rewriter_builder
from object_detection.builders import model_builder
from object_detection.legacy import trainer
from object_detection.utils import config_util

os.environ["TF_CPP_MIN_LOG_LEVEL"] = '3'
tf.logging.set_verbosity(tf.logging.INFO)
flags = tf.app.flags
flags.DEFINE_string('master', '', '')
```

```
flags.DEFINE_integer('task', 0,'task id')
flags.DEFINE_integer('num_clones', 1,'')
flags.DEFINE_boolean('clone_on_cpu', False,'')
flags.DEFINE_integer('worker_replicas', 1,'')
flags.DEFINE_integer('ps_tasks', 0,'')
flags.DEFINE_string('train_dir', '', 'Directory to save the checkpoints and training summaries.')
flags.DEFINE_string('pipeline_config_path', '', 'Path to a pipeline config.')
flags.DEFINE_string('train_config_path', '', 'Path to a train_pb2.TrainConfig.')
flags.DEFINE_string('input_config_path', '', 'Path to an input_reader_pb2.InputReader.')
flags.DEFINE_string('model_config_path', '', 'Path to a model_pb2.DetectionModel.')
FLAGS = flags.FLAGS


@tf.contrib.framework.deprecated(None,'Use object_detection/model_main.py.')
def main(_):
  assert FLAGS.train_dir,'`train_dir` is missing.'
  if FLAGS.task == 0:tf.gfile.MakeDirs(FLAGS.train_dir)
  if FLAGS.pipeline_config_path:
    configs = config_util.get_configs_from_pipeline_file(
      FLAGS.pipeline_config_path)
    if FLAGS.task == 0:
      tf.gfile.Copy(FLAGS.pipeline_config_path,
              os.path.join(FLAGS.train_dir,'pipeline.config'),
              overwrite=True)
  else:
    configs = config_util.get_configs_from_multiple_files(
      model_config_path=FLAGS.model_config_path,
      train_config_path=FLAGS.train_config_path,
      train_input_config_path=FLAGS.input_config_path)
    if FLAGS.task == 0:
      for name,config in [('model.config', FLAGS.model_config_path),
                ('train.config', FLAGS.train_config_path),
                ('input.config', FLAGS.input_config_path)]:
        tf.gfile.Copy(config,os.path.join(FLAGS.train_dir,name),
              overwrite=True)

  model_config = configs['model']
  train_config = configs['train_config']
  input_config = configs['train_input_config']
```

```python
model_fn = functools.partial(
    model_builder.build,
    model_config=model_config,
    is_training=True)


def get_next(config):
    return dataset_builder.make_initializable_iterator(
        dataset_builder.build(config)).get_next()


create_input_dict_fn = functools.partial(get_next,input_config)


env = json.loads(os.environ.get('TF_CONFIG', '{}'))
cluster_data = env.get('cluster', None)
cluster = tf.train.ClusterSpec(cluster_data)if cluster_data else None
task_data = env.get('task', None)or {'type': 'master', 'index': 0}
task_info = type('TaskSpec', (object,),task_data)


ps_tasks = 0
worker_replicas = 1
worker_job_name = 'lonely_worker'
task = 0
is_chief = True
master = ''


if cluster_data and 'worker' in cluster_data:
    worker_replicas = len(cluster_data['worker'])+ 1
if cluster_data and 'ps' in cluster_data:
    ps_tasks = len(cluster_data['ps'])


if worker_replicas > 1 and ps_tasks < 1:
    raise ValueError('At least 1 ps task is needed for distributed training.')


if worker_replicas >= 1 and ps_tasks > 0:
    server = tf.train.Server(tf.train.ClusterSpec(cluster),protocol='grpc',
                    job_name=task_info.type,
                    task_index=task_info.index)
    if task_info.type == 'ps':
        server.join()
```

```
        return

    worker_job_name = '%s/task:%d' %(task_info.type,task_info.index)
    task = task_info.index
    is_chief =(task_info.type == 'master')
    master = server.target

  graph_rewriter_fn = None
  if 'graph_rewriter_config' in configs:
    graph_rewriter_fn = graph_rewriter_builder.build(
      configs['graph_rewriter_config'],is_training=True)

  trainer.train(
    create_input_dict_fn,
    model_fn,
    train_config,
    master,
    task,
    FLAGS.num_clones,
    worker_replicas,
    FLAGS.clone_on_cpu,
    ps_tasks,
    worker_job_name,
    is_chief,
    FLAGS.train_dir,
    graph_hook_fn=graph_rewriter_fn)
  print("模型训练完成!")



  if __name__ == '__main__':
tf.app.run()
```

步骤 4　训练模型

运行训练 train.py 程序，读取配置文件 cat_dog.config 中定义的训练模型、训练参数、数据集，把训练日志和检查点保存到 checkpoint 目录中，如图 4.14 所示。

```
$ conda activate unit3
$ python train.py --logtostderr --train_dir checkpoint --pipeline_config_path data/cat_dog.config
```

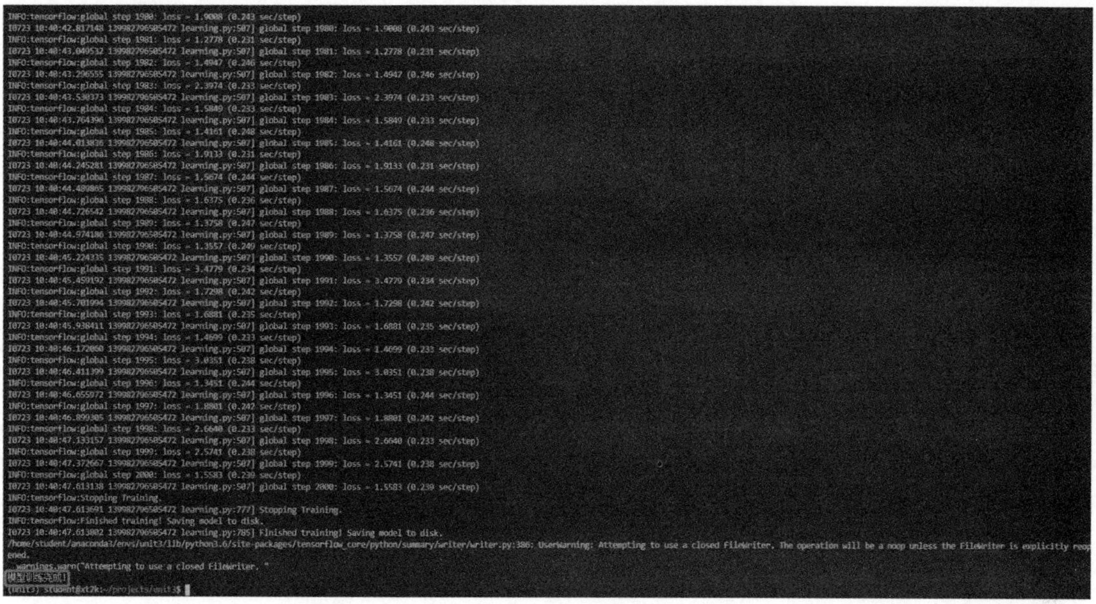

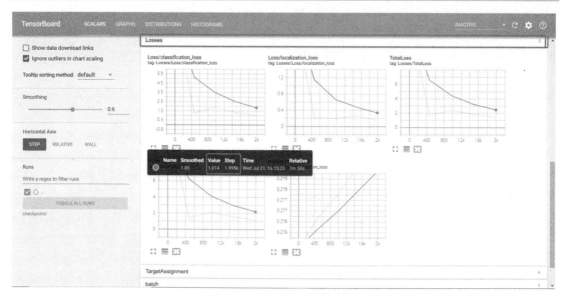

图 4.14　训练模型

步骤 5　可视化训练过程

在训练过程中打开 TensorBoard 可以查看训练日志。训练日志中记录了模型分类损失、回归损失和总损失量的变化，通过 Losses 选项中的图表可以看到训练过程中的损失在不断变化，越到后面损失越小，说明模型对训练数据的拟合度越来越高，如图 4.15 所示。注意：需要把地址换成对应的数据处理服务器地址，然后在浏览器中输入对应地址和端口号进行查看。

```
$ tensorboard --host 172.16.33.11 --port 8889 --logdir checkpoint/
```

图 4.15　可视化训练过程

步骤 6　查看训练结果

进入 checkpoint 子目录，可以看到生成了多组模型文件，如图 4.16 所示。

model.ckpt-××××.meta 文件：保存了计算图，也就是神经网络的结构；

model.ckpt-××××.data-××××文件：保存了模型的变量；

model.ckpt-××××.index 文件：保存了神经网络索引映射文件。

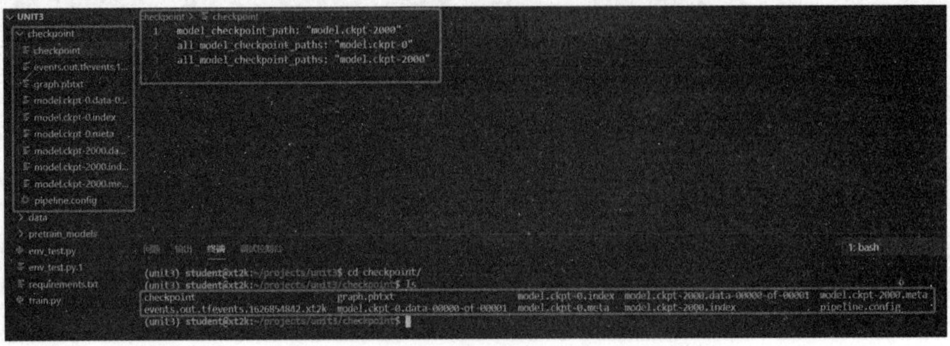

图 4.16　查看结果

【任务小结】

本任务我们根据算法团队提供的算法模型，配置了训练模型参数，对已标注的数据集进行了训练，得到了训练后的多组模型文件。后面将对训练后的模型进行评估，判断其可用性。

任务 5　猫狗检测模型评估

【任务目标】

对训练模型进行评估，判断模型的可用性。

【任务操作】

步骤 1　创建评估程序

在开发环境中打开/home/student/projects/unit3/目录，创建评估程序 eval.py。

（1）导入模型的各个模块并定义输入参数。

```
import functools
import os
import tensorflow as tf
from object_detection.builders import dataset_builder
from object_detection.builders import graph_rewriter_builder
from object_detection.builders import model_builder
```

```
from object_detection.legacy import evaluator
from object_detection.utils import config_util
from object_detection.utils import label_map_util

os.environ["TF_CPP_MIN_LOG_LEVEL"] = '3'
tf.compat.v1.logging.set_verbosity(tf.compat.v1.logging.ERROR)
flags = tf.app.flags
flags.DEFINE_boolean('eval_training_data', False,'')
flags.DEFINE_string('checkpoint_dir', '', '')
flags.DEFINE_string('eval_dir', '', 'Directory to write eval summaries.')
flags.DEFINE_string('pipeline_config_path', '', 'Path to a pipeline config.')
flags.DEFINE_string('eval_config_path', '', '')
flags.DEFINE_string('input_config_path', '', '')
flags.DEFINE_string('model_config_path', '', '')
flags.DEFINE_boolean('run_once', False,'')
FLAGS = flags.FLAGS
```

（2）评估主函数：加载模型配置。

```
@tf.contrib.framework.deprecated(None,'Use object_detection/model_main.py.')
def main(unused_argv):
  assert FLAGS.checkpoint_dir,'`checkpoint_dir` is missing.'
  assert FLAGS.eval_dir,'`eval_dir` is missing.'
  tf.gfile.MakeDirs(FLAGS.eval_dir)
  if FLAGS.pipeline_config_path:
    configs = config_util.get_configs_from_pipeline_file(
      FLAGS.pipeline_config_path)
    tf.gfile.Copy(
      FLAGS.pipeline_config_path,
      os.path.join(FLAGS.eval_dir,'pipeline.config'),
      overwrite=True)
  else:
    configs = config_util.get_configs_from_multiple_files(
      model_config_path=FLAGS.model_config_path,
      eval_config_path=FLAGS.eval_config_path,
      eval_input_config_path=FLAGS.input_config_path)
    for name,config in [('model.config', FLAGS.model_config_path),
                ('eval.config', FLAGS.eval_config_path),
                ('input.config', FLAGS.input_config_path)]:
      tf.gfile.Copy(config,os.path.join(FLAGS.eval_dir,name),overwrite=True)
```

```
    model_config = configs['model']
    eval_config = configs['eval_config']
    input_config = configs['eval_input_config']
    if FLAGS.eval_training_data:
      input_config = configs['train_input_config']

    model_fn = functools.partial(
      model_builder.build,model_config=model_config,is_training=False)
```

（3）评估主函数：定义评估循环，并记录评估日志。

```
    def get_next(config):
      return dataset_builder.make_initializable_iterator(
        dataset_builder.build(config)).get_next()


    create_input_dict_fn = functools.partial(get_next,input_config)


    categories = label_map_util.create_categories_from_labelmap(
      input_config.label_map_path)


    if FLAGS.run_once:
      eval_config.max_evals = 1


    graph_rewriter_fn = None
    if 'graph_rewriter_config' in configs:
      graph_rewriter_fn = graph_rewriter_builder.build(
        configs['graph_rewriter_config'],is_training=False)
```

（4）评估主函数：配置评估函数参数。

```
    evaluator.evaluate(
      create_input_dict_fn,
      model_fn,
      eval_config,
      categories,
      FLAGS.checkpoint_dir,
      FLAGS.eval_dir,
      graph_hook_fn=graph_rewriter_fn)
print("模型评估完成!")
```

评估程序 eval.py 文件完整内容如下：

```
# eval.py
import functools
import os
```

```python
import tensorflow as tf
from object_detection.builders import dataset_builder
from object_detection.builders import graph_rewriter_builder
from object_detection.builders import model_builder
from object_detection.legacy import evaluator
from object_detection.utils import config_util
from object_detection.utils import label_map_util


os.environ["TF_CPP_MIN_LOG_LEVEL"] = '3'
tf.compat.v1.logging.set_verbosity(tf.compat.v1.logging.ERROR)
flags = tf.app.flags
flags.DEFINE_boolean('eval_training_data', False,'')
flags.DEFINE_string('checkpoint_dir', '', '')
flags.DEFINE_string('eval_dir', '', 'Directory to write eval summaries.')
flags.DEFINE_string('pipeline_config_path', '', 'Path to a pipeline config.')
flags.DEFINE_string('eval_config_path', '', '')
flags.DEFINE_string('input_config_path', '', '')
flags.DEFINE_string('model_config_path', '', '')
flags.DEFINE_boolean('run_once', False,'')
FLAGS = flags.FLAGS



@tf.contrib.framework.deprecated(None,'Use object_detection/model_main.py.')
def main(unused_argv):
  assert FLAGS.checkpoint_dir,'`checkpoint_dir` is missing.'
  assert FLAGS.eval_dir,'`eval_dir` is missing.'
  tf.gfile.MakeDirs(FLAGS.eval_dir)
  if FLAGS.pipeline_config_path:
    configs = config_util.get_configs_from_pipeline_file(
      FLAGS.pipeline_config_path)
    tf.gfile.Copy(
      FLAGS.pipeline_config_path,
      os.path.join(FLAGS.eval_dir,'pipeline.config'),
      overwrite=True)
  else:
    configs = config_util.get_configs_from_multiple_files(
      model_config_path=FLAGS.model_config_path,
      eval_config_path=FLAGS.eval_config_path,
      eval_input_config_path=FLAGS.input_config_path)
```

```python
  for name,config in [('model.config', FLAGS.model_config_path),
              ('eval.config', FLAGS.eval_config_path),
              ('input.config', FLAGS.input_config_path)]:
    tf.gfile.Copy(config,os.path.join(FLAGS.eval_dir,name),overwrite=True)

  model_config = configs['model']
  eval_config = configs['eval_config']
  input_config = configs['eval_input_config']
  if FLAGS.eval_training_data:
    input_config = configs['train_input_config']

  model_fn = functools.partial(
      model_builder.build,model_config=model_config,is_training=False)

  def get_next(config):
    return dataset_builder.make_initializable_iterator(
        dataset_builder.build(config)).get_next()

  create_input_dict_fn = functools.partial(get_next,input_config)

  categories = label_map_util.create_categories_from_labelmap(
      input_config.label_map_path)

  if FLAGS.run_once:
    eval_config.max_evals = 1

  graph_rewriter_fn = None
  if 'graph_rewriter_config' in configs:
    graph_rewriter_fn = graph_rewriter_builder.build(
        configs['graph_rewriter_config'],is_training=False)

  evaluator.evaluate(
      create_input_dict_fn,
      model_fn,
      eval_config,
      categories,
      FLAGS.checkpoint_dir,
      FLAGS.eval_dir,
      graph_hook_fn=graph_rewriter_fn)
```

```
print("模型评估完成!")


if __name__ == '__main__':
    tf.app.run()
```

步骤 2　评估模型

运行评估 eval.py 程序，读取配置文件 cat_dog.config 中定义的训练模型、训练参数、数据集，读取 checkpoint 目录中的训练结果，把评估结果保存到 evaluation 目录中。

```
$ conda activate unit3
$ python eval.py --logtostderr --checkpoint_dir checkpoint --eval_dir evaluation --pipeline_config_path data/cat_dog.config
```

在评估过程中，可以看到对不同类别的评估结果，如图 4.17 所示。

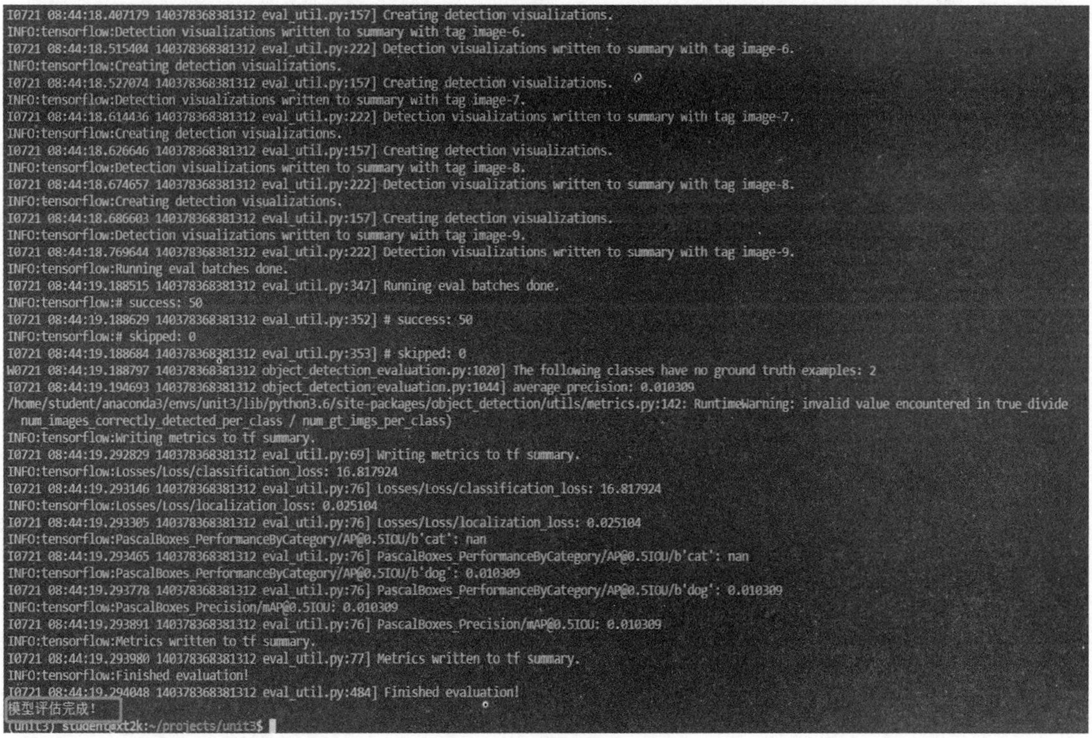

```
I0721 08:44:18.407179 140378368381312 eval_util.py:157] Creating detection visualizations.
INFO:tensorflow:Detection visualizations written to summary with tag image-6.
I0721 08:44:18.515404 140378368381312 eval_util.py:222] Detection visualizations written to summary with tag image-6.
INFO:tensorflow:Creating detection visualizations.
I0721 08:44:18.527074 140378368381312 eval_util.py:157] Creating detection visualizations.
INFO:tensorflow:Detection visualizations written to summary with tag image-7.
I0721 08:44:18.614436 140378368381312 eval_util.py:222] Detection visualizations written to summary with tag image-7.
INFO:tensorflow:Creating detection visualizations.
I0721 08:44:18.626646 140378368381312 eval_util.py:157] Creating detection visualizations.
INFO:tensorflow:Detection visualizations written to summary with tag image-8.
I0721 08:44:18.674657 140378368381312 eval_util.py:222] Detection visualizations written to summary with tag image-8.
INFO:tensorflow:Creating detection visualizations.
I0721 08:44:18.686603 140378368381312 eval_util.py:157] Creating detection visualizations.
INFO:tensorflow:Detection visualizations written to summary with tag image-9.
I0721 08:44:18.769644 140378368381312 eval_util.py:222] Detection visualizations written to summary with tag image-9.
INFO:tensorflow:Running eval batches done.
I0721 08:44:19.188515 140378368381312 eval_util.py:347] Running eval batches done.
INFO:tensorflow:# success: 50
I0721 08:44:19.188629 140378368381312 eval_util.py:352] # success: 50
INFO:tensorflow:# skipped: 0
I0721 08:44:19.188684 140378368381312 eval_util.py:353] # skipped: 0
W0721 08:44:19.188797 140378368381312 object_detection_evaluation.py:1020] The following classes have no ground truth examples: 2
I0721 08:44:19.194693 140378368381312 object_detection_evaluation.py:1044] average_precision: 0.010309
/home/student/anaconda3/envs/unit3/lib/python3.6/site-packages/object_detection/utils/metrics.py:142: RuntimeWarning: invalid value encountered in true_divide
  num_images_correctly_detected_per_class / num_gt_imgs_per_class)
INFO:tensorflow:Writing metrics to tf summary.
I0721 08:44:19.292829 140378368381312 eval_util.py:69] Writing metrics to tf summary.
INFO:tensorflow:Losses/Loss/classification_loss: 16.817924
I0721 08:44:19.293146 140378368381312 eval_util.py:76] Losses/Loss/classification_loss: 16.817924
INFO:tensorflow:Losses/Loss/localization_loss: 0.025104
I0721 08:44:19.293305 140378368381312 eval_util.py:76] Losses/Loss/localization_loss: 0.025104
INFO:tensorflow:PascalBoxes_PerformanceByCategory/AP@0.5IOU/b'cat': nan
I0721 08:44:19.293465 140378368381312 eval_util.py:76] PascalBoxes_PerformanceByCategory/AP@0.5IOU/b'cat': nan
INFO:tensorflow:PascalBoxes_PerformanceByCategory/AP@0.5IOU/b'dog': 0.010309
I0721 08:44:19.293778 140378368381312 eval_util.py:76] PascalBoxes_PerformanceByCategory/AP@0.5IOU/b'dog': 0.010309
INFO:tensorflow:PascalBoxes_Precision/mAP@0.5IOU: 0.010309
I0721 08:44:19.293891 140378368381312 eval_util.py:76] PascalBoxes_Precision/mAP@0.5IOU: 0.010309
INFO:tensorflow:Metrics written to tf summary.
I0721 08:44:19.293980 140378368381312 eval_util.py:77] Metrics written to tf summary.
INFO:tensorflow:Finished evaluation!
I0721 08:44:19.294048 140378368381312 eval_util.py:484] Finished evaluation!
模型评估完成!
(unit3) student@xt2k:~/projects/unit3$
```

图 4.17　模型评估

步骤 3　查看评估结果

利用 TensorBoard 工具查看评估结果。注意：需要把地址换成对应的数据处理服务器地址，然后在浏览器中输入对应地址和端口号进行查看。

```
$ tensorboard --host 172.16.33.11 --port 8889 --logdir evaluation/
```

步骤 4　分析模型可用性

在浏览器中查看各类别的平均精确度（AP）值，越接近 1，说明模型的可用性越高。此时图上显示，step 是 2k，说明这个模型是训练到 2000 步时保存下来的，对应 model.ckpt-2000 训练模型，如图 4.18 所示。

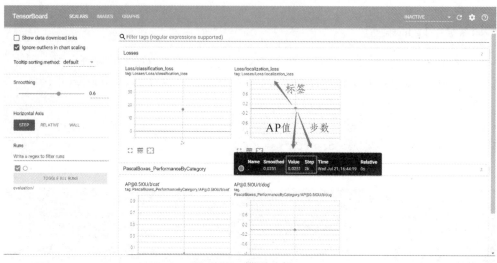

图 4.18　模型分析

【任务小结】

TensorBoard 是 Tensorflow 内置的一个可视化工具，它通过将 Tensorflow 程序输出的日志文件的信息可视化使得 Tensorflow 程序的理解、调试和优化更加简单、高效。本任务通过对模型的评估，我们得到了训练过程中实用性较强的一组模型，后续将对此模型导出冻结图和进行测试。

任务 6　猫狗检测模型测试

【任务目标】

把已经评估为可用性较强的模型，导出为可测试的冻结图模型，用测试数据进行测试。

【任务操作】

步骤 1　创建导出程序

在开发环境中打开/home/student/projects/unit3/目录，创建导出程序 export_fz.py。
（1）导入模型转换模块，定义输入参数。

```
import os
```

```
import tensorflow as tf
from google.protobuf import text_format
from object_detection import exporter
from object_detection.protos import pipeline_pb2

os.environ["TF_CPP_MIN_LOG_LEVEL"] = '3'
tf.compat.v1.logging.set_verbosity(tf.compat.v1.logging.ERROR)
slim = tf.contrib.slim
flags = tf.app.flags

flags.DEFINE_string('input_type', 'image_tensor', '')
flags.DEFINE_string('input_shape', None,'[None,None,None,3]')
flags.DEFINE_string('pipeline_config_path', None,'Path to a pipeline config.')
flags.DEFINE_string('trained_checkpoint_prefix', None,'path/to/model.ckpt')
flags.DEFINE_string('output_directory', None,'Path to write outputs.')
flags.DEFINE_string('config_override', '', '')
flags.DEFINE_boolean('write_inference_graph', False,'')
tf.app.flags.mark_flag_as_required('pipeline_config_path')
tf.app.flags.mark_flag_as_required('trained_checkpoint_prefix')
tf.app.flags.mark_flag_as_required('output_directory')
FLAGS = flags.FLAGS
```

（2）转换模型主函数，调用模型转换函数。

```
def main(_):
  pipeline_config = pipeline_pb2.TrainEvalPipelineConfig()
  with tf.gfile.GFile(FLAGS.pipeline_config_path,'r')as f:
    text_format.Merge(f.read(),pipeline_config)
  text_format.Merge(FLAGS.config_override,pipeline_config)
  if FLAGS.input_shape:
    input_shape = [
        int(dim)if dim != '-1' else None
        for dim in FLAGS.input_shape.split(',')
    ]
  else:
    input_shape = None
  exporter.export_inference_graph(
      FLAGS.input_type,pipeline_config,FLAGS.trained_checkpoint_prefix,
      FLAGS.output_directory,input_shape=input_shape,
      write_inference_graph=FLAGS.write_inference_graph)
  print("模型转换完成!")
```

导出程序 export_fz.py 文件完整内容如下：

```python
# export_fz.py
import os
import tensorflow as tf
from google.protobuf import text_format
from object_detection import exporter
from object_detection.protos import pipeline_pb2


os.environ["TF_CPP_MIN_LOG_LEVEL"] = '3'
tf.compat.v1.logging.set_verbosity(tf.compat.v1.logging.ERROR)
slim = tf.contrib.slim
flags = tf.app.flags


flags.DEFINE_string('input_type', 'image_tensor', '')
flags.DEFINE_string('input_shape', None,'[None,None,None,3]')
flags.DEFINE_string('pipeline_config_path', None,'Path to a pipeline config.')
flags.DEFINE_string('trained_checkpoint_prefix', None,'path/to/model.ckpt')
flags.DEFINE_string('output_directory', None,'Path to write outputs.')
flags.DEFINE_string('config_override', '', '')
flags.DEFINE_boolean('write_inference_graph', False,'')
tf.app.flags.mark_flag_as_required('pipeline_config_path')
tf.app.flags.mark_flag_as_required('trained_checkpoint_prefix')
tf.app.flags.mark_flag_as_required('output_directory')
FLAGS = flags.FLAGS


def main(_):
  pipeline_config = pipeline_pb2.TrainEvalPipelineConfig()
  with tf.gfile.GFile(FLAGS.pipeline_config_path,'r')as f:
   text_format.Merge(f.read(),pipeline_config)
  text_format.Merge(FLAGS.config_override,pipeline_config)
  if FLAGS.input_shape:
   input_shape = [
      int(dim)if dim != '-1' else None
      for dim in FLAGS.input_shape.split(',')
   ]
  else:
   input_shape = None
  exporter.export_inference_graph(
```

```
        FLAGS.input_type,pipeline_config,FLAGS.trained_checkpoint_prefix,
        FLAGS.output_directory,input_shape=input_shape,
        write_inference_graph=FLAGS.write_inference_graph)
    print("模型转换完成!")



if __name__ == '__main__':
    tf.app.run()
```

步骤 2　导出冻结图模型

运行导出 export_fz.py 程序，读取配置文件 cat_dog.config 中定义的配置，读取 checkpoint 目录中的 model.ckpt-2000 训练模型，导出为冻结图模型，并保存到 frozen_models 目录中，如图 4.19 所示。

```
$ conda activate unit3
$ python export_fz.py --input_type image_tensor --pipeline_config_path data/cat_dog.config --trained_checkpoint_prefix checkpoint/model.ckpt-2000 --output_directory frozen_models
```

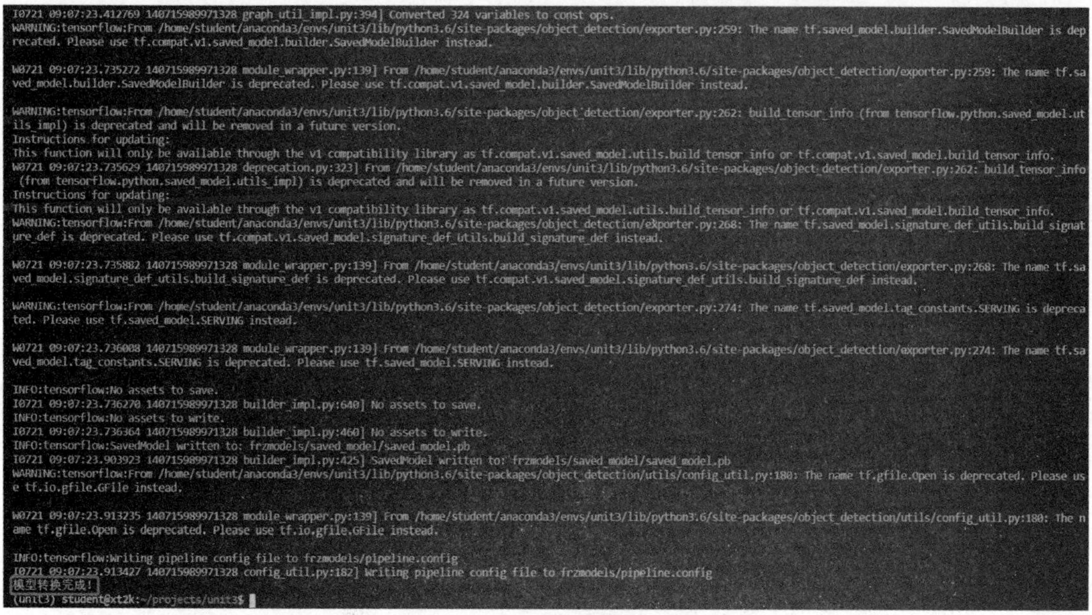

图 4.19　导出冻结图模型

步骤 3　创建测试程序

在开发环境中打开/home/student/projects/unit3/目录，创建测试文件 detect.py。
（1）导入测试所需模块和可视化函数，定义输入参数。

```
import numpy as np
import os
```

```
import tensorflow as tf
import matplotlib.pyplot as plt
from PIL import Image
from object_detection.utils import label_map_util
from object_detection.utils import visualization_utils as vis_util
from object_detection.utils import ops as utils_ops

os.environ["TF_CPP_MIN_LOG_LEVEL"] = '3'
tf.compat.v1.logging.set_verbosity(tf.compat.v1.logging.ERROR)
detect_img = '/home/student/data/cat_dog/test/000215.jpg'
result_img = '/home/student/projects/unit3/img/000215_result.jpg'
MODEL_NAME = 'frozen_models'
PATH_TO_FROZEN_GRAPH = MODEL_NAME + '/frozen_inference_graph.pb'
PATH_TO_LABELS = 'data/label_map.pbtxt'
```

（2）加载模型计算图和数据标签。

```
detection_graph = tf.Graph()
with detection_graph.as_default():
    od_graph_def = tf.compat.v1.GraphDef()
    with tf.io.gfile.GFile(PATH_TO_FROZEN_GRAPH,'rb')as fid:
        serialized_graph = fid.read()
        od_graph_def.ParseFromString(serialized_graph)
        tf.import_graph_def(od_graph_def,name='')
category_index = label_map_util.create_category_index_from_labelmap(PATH_TO_LABELS,
use_display_name=True)
```

（3）图片数据转换函数。

```
def load_image_into_numpy_array(image):
    (im_width,im_height)= image.size
    return np.array(image.getdata()).reshape((im_height,im_width,3)).astype(np.uint8)
```

（4）单张图像检测函数。

```
def run_inference_for_single_image(image,graph):
    with graph.as_default():
        with tf.compat.v1.Session()as sess:
            ops = tf.compat.v1.get_default_graph().get_operations()
            all_tensor_names = {output.name for op in ops for output in op.outputs}
            tensor_dict = {}
            for key in ['num_detections', 'detection_boxes', 'detection_scores',
                'detection_classes', 'detection_masks']:
                tensor_name = key + ':0'
                if tensor_name in all_tensor_names:
```

```python
            tensor_dict[key] = tf.compat.v1.get_default_graph().get_tensor_by_name
(tensor_name)
        if 'detection_masks' in tensor_dict:
            detection_boxes = tf.squeeze(tensor_dict['detection_boxes'],[0])
            detection_masks = tf.squeeze(tensor_dict['detection_masks'],[0])
            real_num_detection = tf.cast(tensor_dict['num_detections'][0],tf.int32)
            detection_boxes = tf.slice(detection_boxes,[0,0],[real_num_detection,-1])
            detection_masks = tf.slice(detection_masks,[0,0,0],[real_num_detection,-1,-1])
            detection_masks_reframed = utils_ops.reframe_box_masks_to_image_masks(
                detection_masks,detection_boxes,image.shape[1],image.shape[2])
            detection_masks_reframed = tf.cast(tf.greater(detection_masks_reframed,0.5),
tf.uint8)
            tensor_dict['detection_masks'] = tf.expand_dims(detection_masks_reframed,0)
        image_tensor = tf.compat.v1.get_default_graph().get_tensor_by_name('image_tensor:0')

        output_dict = sess.run(tensor_dict,feed_dict={image_tensor:image})

        output_dict['num_detections'] = int(output_dict['num_detections'][0])
        output_dict['detection_classes'] = output_dict['detection_classes'][0].astype(np.int64)
        output_dict['detection_boxes'] = output_dict['detection_boxes'][0]
        output_dict['detection_scores'] = output_dict['detection_scores'][0]
        if 'detection_masks' in output_dict:
            output_dict['detection_masks'] = output_dict['detection_masks'][0]
    return output_dict
```

（5）输入图片数据，检测输入数据，保存检测结果图。

```python
image = Image.open(detect_img)
image_np = load_image_into_numpy_array(image)
# 转化输入图片为 shape=[1,None,None,3]
image_np_expanded = np.expand_dims(image_np,axis=0)
output_dict = run_inference_for_single_image(image_np_expanded,detection_graph)
vis_util.visualize_boxes_and_labels_on_image_array(
    image_np,
    output_dict['detection_boxes'],
    output_dict['detection_classes'],
    output_dict['detection_scores'],
    category_index,
    instance_masks=output_dict.get('detection_masks'),
    use_normalized_coordinates=True,
    line_thickness=6)
```

```
plt.figure()
plt.axis('off')
plt.imshow(image_np)
plt.savefig(result_img,bbox_inches='tight', pad_inches=0)
print("测试%s 完成,结果保存在%s" % (detect_img,result_img))
```

测试程序 detect.py 完整内容如下：

```
#detect.py
import numpy as np
import os
import tensorflow as tf
import matplotlib.pyplot as plt
from PIL import Image
from object_detection.utils import label_map_util
from object_detection.utils import visualization_utils as vis_util
from object_detection.utils import ops as utils_ops


os.environ["TF_CPP_MIN_LOG_LEVEL"] = '3'
tf.compat.v1.logging.set_verbosity(tf.compat.v1.logging.ERROR)
detect_img = '/home/student/data/cat_dog/test/000215.jpg'
result_img = '/home/student/projects/unit3/img/000215_result.jpg'
MODEL_NAME = 'frozen_models'
PATH_TO_FROZEN_GRAPH = MODEL_NAME + '/frozen_inference_graph.pb'
PATH_TO_LABELS = 'data/label_map.pbtxt'


detection_graph = tf.Graph()
with detection_graph.as_default():
    od_graph_def = tf.compat.v1.GraphDef()
    with tf.io.gfile.GFile(PATH_TO_FROZEN_GRAPH,'rb')as fid:
        serialized_graph = fid.read()
        od_graph_def.ParseFromString(serialized_graph)
        tf.import_graph_def(od_graph_def,name='')
    category_index = label_map_util.create_category_index_from_labelmap(PATH_TO_LABELS,
use_display_name=True)


def load_image_into_numpy_array(image):
    (im_width,im_height)= image.size
    return np.array(image.getdata()).reshape((im_height,im_width,3)).astype(np.uint8)
```

```
def run_inference_for_single_image(image,graph):
    with graph.as_default():
        with tf.compat.v1.Session()as sess:
            ops = tf.compat.v1.get_default_graph().get_operations()
            all_tensor_names = {output.name for op in ops for output in op.outputs}
            tensor_dict = {}
            for key in ['num_detections', 'detection_boxes', 'detection_scores',
                'detection_classes', 'detection_masks']:
                tensor_name = key + ':0'
                if tensor_name in all_tensor_names:
                    tensor_dict[key] = tf.compat.v1.get_default_graph().get_tensor_by_name
(tensor_name)
            if 'detection_masks' in tensor_dict:
                detection_boxes = tf.squeeze(tensor_dict['detection_boxes'],[0])
                detection_masks = tf.squeeze(tensor_dict['detection_masks'],[0])
                real_num_detection = tf.cast(tensor_dict['num_detections'][0],tf.int32)
                detection_boxes = tf.slice(detection_boxes,[0,0],[real_num_detection,-1])
                detection_masks = tf.slice(detection_masks,[0,0,0],[real_num_detection,-1,-1])
                detection_masks_reframed = utils_ops.reframe_box_masks_to_image_masks(
                    detection_masks,detection_boxes,image.shape[1],image.shape[2])
                detection_masks_reframed = tf.cast(tf.greater(detection_masks_reframed,0.5),tf.uint8)
                tensor_dict['detection_masks'] = tf.expand_dims(detection_masks_reframed,0)
            image_tensor = tf.compat.v1.get_default_graph().get_tensor_by_name('image_tensor:0')

            output_dict = sess.run(tensor_dict,feed_dict={image_tensor:image})

            output_dict['num_detections'] = int(output_dict['num_detections'][0])
            output_dict['detection_classes'] = output_dict['detection_classes'][0].astype(np.int64)
            output_dict['detection_boxes'] = output_dict['detection_boxes'][0]
            output_dict['detection_scores'] = output_dict['detection_scores'][0]
            if 'detection_masks' in output_dict:
                output_dict['detection_masks'] = output_dict['detection_masks'][0]
    return output_dict

image = Image.open(detect_img)
image_np = load_image_into_numpy_array(image)
# 转化输入图片为 shape=[1,None,None,3]
```

```
image_np_expanded = np.expand_dims(image_np,axis=0)
output_dict = run_inference_for_single_image(image_np_expanded,detection_graph)
vis_util.visualize_boxes_and_labels_on_image_array(
    image_np,
    output_dict['detection_boxes'],
    output_dict['detection_classes'],
    output_dict['detection_scores'],
    category_index,
    instance_masks=output_dict.get('detection_masks'),
    use_normalized_coordinates=True,
    line_thickness=6)
plt.figure()
plt.axis('off')
plt.imshow(image_np)
plt.savefig(result_img,bbox_inches='tight', pad_inches=0)
print("测试%s 完成,结果保存在%s" % (detect_img,result_img))
```

步骤 4   测试并查看结果

创建 img 目录存放测试结果，运行测试 detect.py 程序，并查看结果，如图 4.20 所示。

```
$ mkdir img
$ python detect.py
```

图 4.20   测试结果

为了将训练好的模型部署到目标平台，我们通常先将模型导出为标准格式的文件，再在目标平台上使用对应的工具来完成应用的部署。本任务我们把可用性较强的模型导出为冻结图模型，下一步把这个模型部署到边缘计算设备上。

任务 7　猫狗检测模型部署

把经过测试确认可用的模型，转换成为标准格式的模型文件，部署到边缘计算设备上。

步骤 1　创建导出程序

在开发环境中打开/home/student/projects/unit3/目录，创建导出程序 export_pb.py。

（1）导入模型转换模块，定义输入参数。

```
import os
import tensorflow as tf
from google.protobuf import text_format
from object_detection import export_tflite_ssd_graph_lib
from object_detection.protos import pipeline_pb2

os.environ["TF_CPP_MIN_LOG_LEVEL"] = '3'
tf.compat.v1.logging.set_verbosity(tf.compat.v1.logging.ERROR)
flags = tf.app.flags
flags.DEFINE_string('output_directory', None,'Path to write outputs.')
flags.DEFINE_string('pipeline_config_path', None,'')
flags.DEFINE_string('trained_checkpoint_prefix', None,'Checkpoint prefix.')
flags.DEFINE_integer('max_detections', 10,'')
flags.DEFINE_integer('max_classes_per_detection', 1,'')
flags.DEFINE_integer('detections_per_class', 100,'')
flags.DEFINE_bool('add_postprocessing_op', True,'')
flags.DEFINE_bool('use_regular_nms', False,'')
flags.DEFINE_string('config_override', '', '')
FLAGS = flags.FLAGS
```

（2）调用模型转换函数，完成模型转换。

```
def main(argv):
```

```
    flags.mark_flag_as_required('output_directory')
    flags.mark_flag_as_required('pipeline_config_path')
    flags.mark_flag_as_required('trained_checkpoint_prefix')

    pipeline_config = pipeline_pb2.TrainEvalPipelineConfig()

    with tf.gfile.GFile(FLAGS.pipeline_config_path,'r')as f:
      text_format.Merge(f.read(),pipeline_config)
    text_format.Merge(FLAGS.config_override,pipeline_config)
    export_tflite_ssd_graph_lib.export_tflite_graph(
        pipeline_config,FLAGS.trained_checkpoint_prefix,FLAGS.output_directory,
        FLAGS.add_postprocessing_op,FLAGS.max_detections,
        FLAGS.max_classes_per_detection,FLAGS.use_regular_nms)
    print("模型转换完成!")
```

导出程序 export_pb.py 文件完整内容如下：

```
import os
import tensorflow as tf
from google.protobuf import text_format
from object_detection import export_tflite_ssd_graph_lib
from object_detection.protos import pipeline_pb2


os.environ["TF_CPP_MIN_LOG_LEVEL"] = '3'
tf.compat.v1.logging.set_verbosity(tf.compat.v1.logging.ERROR)
flags = tf.app.flags
flags.DEFINE_string('output_directory', None,'Path to write outputs.')
flags.DEFINE_string('pipeline_config_path', None,'')
flags.DEFINE_string('trained_checkpoint_prefix', None,'Checkpoint prefix.')
flags.DEFINE_integer('max_detections', 10,'')
flags.DEFINE_integer('max_classes_per_detection', 1,'')
flags.DEFINE_integer('detections_per_class', 100,'')
flags.DEFINE_bool('add_postprocessing_op', True,'')
flags.DEFINE_bool('use_regular_nms', False,'')
flags.DEFINE_string('config_override', '', '')
FLAGS = flags.FLAGS



def main(argv):
  flags.mark_flag_as_required('output_directory')
  flags.mark_flag_as_required('pipeline_config_path')
```

```
flags.mark_flag_as_required('trained_checkpoint_prefix')

pipeline_config = pipeline_pb2.TrainEvalPipelineConfig()

with tf.gfile.GFile(FLAGS.pipeline_config_path,'r')as f:
  text_format.Merge(f.read(),pipeline_config)
text_format.Merge(FLAGS.config_override,pipeline_config)
export_tflite_ssd_graph_lib.export_tflite_graph(
    pipeline_config,FLAGS.trained_checkpoint_prefix,FLAGS.output_directory,
    FLAGS.add_postprocessing_op,FLAGS.max_detections,
    FLAGS.max_classes_per_detection,FLAGS.use_regular_nms)
print("模型转换完成!")


if __name__ == '__main__':
  tf.app.run(main)
```

步骤 2　导出 pb 文件

运行导出程序 export_pb.py，读取配置文件 cat_dog.config 中定义的参数，读取 checkpoint 目录中的训练结果，把 tflite_pb 模型图保存到 tflite_models 目录中。

```
$ conda activate unit3
$ python export_pb.py --pipeline_config_path data/cat_dog.config --trained_checkpoint_
prefix checkpoint/model.ckpt-2000 --output_directory tflite_models
```

步骤 3　创建转换程序

在开发环境中打开/home/student/projects/unit3/目录，创建转换程序 pb_to_tflite.py。
（1）导入模块，定义输入参数。

```
import os
import tensorflow as tf

os.environ["TF_CPP_MIN_LOG_LEVEL"] = '3'
tf.compat.v1.logging.set_verbosity(tf.compat.v1.logging.ERROR)
flags = tf.app.flags
flags.DEFINE_string('pb_path', 'tflite_models/tflite_graph.pb', 'tflite pb file.')
flags.DEFINE_string('tflite_path', 'tflite_models/zy_ssd.tflite', 'output tflite.')
FLAGS = flags.FLAGS
```
（2）转换为 tflite 模型。
```
def convert_pb_to_tflite(pb_path,tflite_path):
```

```python
# 模型输入节点
input_tensor_name = ["normalized_input_image_tensor"]
input_tensor_shape = {"normalized_input_image_tensor": [1,300,300,3]}
# 模型输出节点
classes_tensor_name = ['TFLite_Detection_PostProcess', 'TFLite_Detection_PostProcess:1',
            'TFLite_Detection_PostProcess:2', 'TFLite_Detection_PostProcess:3']
# 转换为 tflite 模型
converter = tf.lite.TFLiteConverter.from_frozen_graph(pb_path,
                            input_tensor_name,
                            classes_tensor_name,
                            input_tensor_shape)

converter.allow_custom_ops = True
converter.optimizations = [tf.lite.Optimize.DEFAULT]
tflite_model = converter.convert()
```

（3）tflite 模型写入。

```python
converter.allow_custom_ops = True
converter.optimizations = [tf.lite.Optimize.DEFAULT]
tflite_model = converter.convert()
# 模型写入
if not tf.gfile.Exists(os.path.dirname(tflite_path)):
    tf.gfile.MakeDirs(os.path.dirname(tflite_path))
with open(tflite_path,"wb")as f:
    f.write(tflite_model)
print("Save tflite model at %s" % tflite_path)
print("模型转换完成!")


if __name__ == '__main__':
    convert_pb_to_tflite(FLAGS.pb_path,FLAGS.tflite_path)
```

转换程序 pb_to_tflite.py 文件完整内容如下：

```python
# pb_to_tflite.py
import os
import tensorflow as tf


os.environ["TF_CPP_MIN_LOG_LEVEL"] = '3'
tf.compat.v1.logging.set_verbosity(tf.compat.v1.logging.ERROR)
flags = tf.app.flags
flags.DEFINE_string('pb_path', 'tflite_models/tflite_graph.pb', 'tflite pb file.')
flags.DEFINE_string('tflite_path', 'tflite_models/zy_ssd.tflite', 'output tflite.')
```

```
FLAGS = flags.FLAGS

def convert_pb_to_tflite(pb_path,tflite_path):
    # 模型输入节点
    input_tensor_name = ["normalized_input_image_tensor"]
    input_tensor_shape = {"normalized_input_image_tensor": [1,300,640,3]}
    # 模型输出节点
    classes_tensor_name = ['TFLite_Detection_PostProcess', 'TFLite_Detection_PostProcess:1',
                'TFLite_Detection_PostProcess:2', 'TFLite_Detection_PostProcess:3']
    # 转换为 tflite 模型
    converter = tf.lite.TFLiteConverter.from_frozen_graph(pb_path,
                                    input_tensor_name,
                                    classes_tensor_name,
                                    input_tensor_shape)

    converter.allow_custom_ops = True
    converter.optimizations = [tf.lite.Optimize.DEFAULT]
    tflite_model = converter.convert()
    # 模型写入
    if not tf.gfile.Exists(os.path.dirname(tflite_path)):
        tf.gfile.MakeDirs(os.path.dirname(tflite_path))
    with open(tflite_path,"wb")as f:
        f.write(tflite_model)
    print("Save tflite model at %s" % tflite_path)
    print("模型转换完成!")

if __name__ == '__main__':
    convert_pb_to_tflite(FLAGS.pb_path,FLAGS.tflite_path)
```

步骤 4　转换 tflite 文件

运行程序 pb_to_tflite.py。

```
$ python pb_to_tflite.py
```

步骤 5　创建推理执行程序

在开发环境中打开/home/student/projects/unit3/tflite_models 目录，创建推理执行程序 func_detection_img.py。

（1）导入所用模块。

```
import os
```

```
import cv2
import numpy as np
import sys
import glob
import importlib.util
import base64
```

（2）定义模型和数据推理器。

```
def update_image(image_data,GRAPH_NAME='zy_ssd.tflite', min_conf_threshold=0.5,
            use_TPU=False,model_dir='util'):
    from tflite_runtime.interpreter import Interpreter
    CWD_PATH = os.getcwd()
    PATH_TO_CKPT = os.path.join(CWD_PATH,model_dir,GRAPH_NAME)


    labels = ['cat', 'dog']


    interpreter = Interpreter(model_path=PATH_TO_CKPT)


    interpreter.allocate_tensors()


    input_details = interpreter.get_input_details()
    output_details = interpreter.get_output_details()
    height = input_details[0]['shape'][1]
    width = input_details[0]['shape'][2]


    floating_model =(input_details[0]['dtype'] == np.float32)


    input_mean = 127.5
input_std = 127.5
```

（3）输入图像并转换图像数据为张量。

```
    # base64 解码
    img_data = base64.b64decode(image_data)
    # 转换为 np 数组
    img_array = np.fromstring(img_data,np.uint8)
    # 转换成 opencv 可用格式
    image = cv2.imdecode(img_array,cv2.COLOR_RGB2BGR)

    image_rgb = cv2.cvtColor(image,cv2.COLOR_BGR2RGB)
    imH,imW,_ = image.shape
    image_resized = cv2.resize(image_rgb,(width,height))
```

```python
    input_data = np.expand_dims(image_resized,axis=0)

    if floating_model:
        input_data =(np.float32(input_data) - input_mean)/ input_std

    interpreter.set_tensor(input_details[0]['index'],input_data)
    interpreter.invoke()

    boxes = interpreter.get_tensor(output_details[0]['index'])[0]
    classes = interpreter.get_tensor(output_details[1]['index'])[0]
scores = interpreter.get_tensor(output_details[2]['index'])[0]
```

（4）检测图片，并可视化输出结果。

```python
    for i in range(len(scores)):
        if((scores[i] > min_conf_threshold) and (scores[i] <= 1.0)):
            ymin = int(max(1,(boxes[i][0] * imH)))
            xmin = int(max(1,(boxes[i][1] * imW)))
            ymax = int(min(imH,(boxes[i][2] * imH)))
            xmax = int(min(imW,(boxes[i][3] * imW)))

            cv2.rectangle(image,(xmin,ymin),(xmax,ymax),(10,255,0),2)

            object_name = labels[int(classes[i])]
            label = '%s:%d%%' %(object_name,int(scores[i] * 100))
            labelSize,baseLine = cv2.getTextSize(label,cv2.FONT_HERSHEY_SIMPLEX,0.7,2)
            label_ymin = max(ymin,labelSize[1] + 10)
            cv2.rectangle(image,(xmin,label_ymin - labelSize[1] - 10),
                    (xmin + labelSize[0],label_ymin + baseLine - 10),(255,255,255),
                    cv2.FILLED)
            cv2.putText(image,label,(xmin,label_ymin - 7),cv2.FONT_HERSHEY_SIMPLEX,0.7,(0,0,0),
                    2)

    image_bytes = cv2.imencode('.jpg', image)[1].tostring()
    image_base64 = base64.b64encode(image_bytes).decode()
    return image_base64
```

推理执行程序 func_detection_img.py 文件完整内容如下：

```python
#func_detection_img.py
import os
import cv2
import numpy as np
```

```python
import sys
import glob
import importlib.util
import base64

def update_image(image_data,GRAPH_NAME='zy_ssd.tflite', min_conf_threshold=0.5,
        use_TPU=False,model_dir='util'):
    from tflite_runtime.interpreter import Interpreter
    CWD_PATH = os.getcwd()
    PATH_TO_CKPT = os.path.join(CWD_PATH,model_dir,GRAPH_NAME)

    labels = ['dog','cat']

    interpreter = Interpreter(model_path=PATH_TO_CKPT)

    interpreter.allocate_tensors()

    input_details = interpreter.get_input_details()
    output_details = interpreter.get_output_details()
    height = input_details[0]['shape'][1]
    width = input_details[0]['shape'][2]

    floating_model =(input_details[0]['dtype'] == np.float32)

    input_mean = 127.5
    input_std = 127.5

    # base64 解码
    img_data = base64.b64decode(image_data)
    # 转换为 np 数组
    img_array = np.fromstring(img_data,np.uint8)
    # 转换成 opencv 可用格式
    image = cv2.imdecode(img_array,cv2.COLOR_RGB2BGR)

    image_rgb = cv2.cvtColor(image,cv2.COLOR_BGR2RGB)
    imH,imW,_ = image.shape
    image_resized = cv2.resize(image_rgb,(width,height))
    input_data = np.expand_dims(image_resized,axis=0)
```

```python
if floating_model:
    input_data =(np.float32(input_data) - input_mean)/ input_std

interpreter.set_tensor(input_details[0]['index'],input_data)
interpreter.invoke()

boxes = interpreter.get_tensor(output_details[0]['index'])[0]
classes = interpreter.get_tensor(output_details[1]['index'])[0]
scores = interpreter.get_tensor(output_details[2]['index'])[0]

for i in range(len(scores)):
    if((scores[i] > min_conf_threshold) and (scores[i] <= 1.0)):
        ymin = int(max(1,(boxes[i][0] * imH)))
        xmin = int(max(1,(boxes[i][1] * imW)))
        ymax = int(min(imH,(boxes[i][2] * imH)))
        xmax = int(min(imW,(boxes[i][3] * imW)))

        cv2.rectangle(image,(xmin,ymin),(xmax,ymax),(10,255,0),2)

        object_name = labels[int(classes[i])]
        label = '%s:%d%%' %(object_name,int(scores[i] * 100))
        labelSize,baseLine = cv2.getTextSize(label,cv2.FONT_HERSHEY_SIMPLEX,0.7,2)
        label_ymin = max(ymin,labelSize[1] + 10)
        cv2.rectangle(image,(xmin,label_ymin - labelSize[1] - 10),
                (xmin + labelSize[0],label_ymin + baseLine - 10),(255,255,255),
                cv2.FILLED)
        cv2.putText(image,label,(xmin,label_ymin - 7),cv2.FONT_HERSHEY_SIMPLEX,0.7,(0,0,0),
                2)

image_bytes = cv2.imencode('.jpg', image)[1].tostring()
image_base64 = base64.b64encode(image_bytes).decode()
return image_base64
```

步骤 6　部署到边缘设备

把模型 zy_ssd.tflite 文件、推理执行程序 func_detection_img.py 文件拷贝到边缘计算设备中。注意把 IP 地址换成对应的推理机地址。

```
$ scp tflite_models/zy_ssd.tflite student@172.16.33.118:/home/student/zy-panel-check/util/
$ scp tflite_models/func_detection_img.py student@172.16.33.118:/home/student/zy-panel-check/util/
```

训练好的模型需要通过格式转换才能部署到目标平台中，通过 pb_to_tflite.py 程序把导出的 pb 模型转换为 tflite 格式，部署到边缘计算设备上。

通过平台上的"模型验证"上传或输入网络图片 URL 进行检测，结果如图 4.21 所示。

图 4.21　模型验证

【项目小结】

通过亲自动手完成数据标注、模型训练、模型导出等任务，你实现了一个猫狗识别的模型，并部署到边缘计算设备上，测试准确率在 90%以上，识别速度都在 1~2s，可以应用到宠物管理项目上。祝贺你和团队，本项目为后续全面实现宠物店的需求提供了可靠的基础。

多学一点：模型优化意义重大。模型越大，计算成本越高，边缘计算设备的内存、计算能力和耗电量都可能会因此受到限制。因此，需要对模型进行优化，使其在边缘设备上能够顺利运行；通过减小模型的大小，减少需要执行的操作数量，从而减少边缘设备计算量；较小的模型也很容易转化为更少的内存使用，也就更节能。常用的模型优化技术有剪枝、量化等，量化可以分成量化感知训练和训练后量化，其中训练后量化又包括训练后动态量化和训练后静态量化。记住，这些优化方法最终并不是为了训练模型，而是为了进行推理。祝愿你在未来的学习中掌握更多的技能，并能在实际工作中灵活运用，成为一名优秀的工程师。

项目 5 自动驾驶行人检测

项目背景

电子信息专业的你进入了毕业季，经过多轮面试，终于获得了一封来自心仪企业的入职通知信。它来自一家设计、生产、制造传感器产品的高新企业。2020 年 2 月，发改委、工信部等 11 个部门联合印发《智能汽车创新发展战略》，此后该公司生产的用于车辆自动驾驶的传感器成为市场上炙手可热的产品。通过学习和了解，你知道了"行人作为道路交通的主要参与者，为了有效地保护行人安全、及时告警驾驶人，需要采用一定的方法对前方行人进行有效的检测和行为预判，这是实现真正自动驾驶的关键要素所在。"还有一周就要入职了，你想利用这段时间实现一个行人检测的原型产品，用来鼓励自己投入这项伟大的事业。通过继续研究，你了解到行人检测技术主要采用如下方法：一是普通前视摄像头传感器或环视摄像头，包括立体视觉和单目视觉；二是红外传感器探测，多用于夜间探测的夜视系统；三是雷达传感器探测，包括前中距离雷达和角雷达；四是多传感信息融合技术。图像识别是你最喜欢的课程之一，所以你选择了第一个方法来实现原型。你在学校学习过数据采集、数据标注、模型训练、模型导出等基础知识，现在是时候来一场综合能力实践了。

提示：自动驾驶行人检测是一个典型的目标检测任务，在计算机视觉领域，目标检测任务是找出图像中所感兴趣的目标，确定其位置和大小。本项目我们要完成数据标注、数据训练、模型导出等任务，让机器找到未知图片中的人以及他们的位置。

能力目标

（1）技术能力和创新精神：通过自动驾驶行人检测项目的实践，掌握图像处理、机器学习和人工智能等先进技术及应用，并能够将其应用于实际问题解决中。同时，通过不断尝试新方法和技术，培养创新意识和能力。

（2）严谨性和责任心：在自动驾驶行人检测项目中，需要认真对待每一个细节，每一个环节都需要保持严谨的态度，确保项目的准确性和安全性。同时，还需要尽职尽责，确保项目质量和效果。

（3）安全意识和伦理道德观念：本项目需要保障车辆行驶安全性和人员安全性。强调安全意识的重要性，并了解和掌握基本的安全知识和方法。同时，还需要有伦理道德观念，确保在工作中能够遵循相关法规和伦理要求。

任务 1　数据准备

【任务目标】

准备一定数量的行人图片数据，分别保存在训练、验证、测试等不同的目录中。

步骤1 数据采集

感谢项目经理和团队的其他同事，已经准备好相关图片数据。

步骤2 数据整理

（1）将数据下载到工作目录，解压缩。

（2）在终端命令行窗口中执行以下操作。注意：第二行命令需要把地址换成对应的资源平台地址。

```
$ cd ~/data
$ wget http://172.16.33.72/dataset/person.tar.gz
$ tar zxvf person.tar.gz
```

【任务小结】

数据采集途径主要有两种：一是使用资源平台下载数据团队整理好的图片数据；二是使用自己工作中的照片或图片来制作数据集。

本任务我们获得了项目团队提供的行人图片数据，并成功把原始数据导入操作平台中为后续的数据标注工作做好了基础准备。

在终端命令行窗口中执行以下操作，查看输出结果，如图5.1所示。

```
$ cd ~/data/person
$ ls
```

```
student@xt2k:~/data$ cd person/
student@xt2k:~/data/person$ ls
test  train  val
student@xt2k:~/data/person$
```

图 5.1 查看行人图片数据集

任务2 工程环境准备

【任务目标】

如果要对数据进行标注，模型进行训练、评估和部署，必须先准备对应的工程环境。

【任务操作】

步骤1 创建工程目录

在开发环境中打开，并为本项目创建工程目录。在终端命令行窗口中执行以下操作：

```
$ mkdir ~/projects/unit4
$ mkdir ~/projects/unit4/data
$ cd ~/projects/unit4
```

步骤 2 创建开发环境

创建名为 unit4 的虚拟环境，使用 Python3.6 版本。

```
$ conda create -n unit4 python=3.6
```

输入"y"继续完成操作，然后执行以下操作激活开发环境。

```
$ conda activate unit4
```

步骤 3 配置 GPU 环境

安装 tensorflow-gpu1.15 环境。

```
$ conda install tensorflow-gpu=1.15
```

输入"y"继续完成操作，如图 5.2 所示。

图 5.2 安装配置环境

步骤 4 配置依赖环境

在 开 发 环 境 中 打 开/home/student/projects/unit4 目录，创建依赖清单文件
requirements.txt。

将以下内容写到 requirements.txt 清单文件中，然后执行命令安装依赖库环境，如图 5.3
所示。

```
# requirements.txt
Cython
contextlib2
```

```
matplotlib
pillow
lxml
jupyter
pycocotools
click
PyYAML
joblib
autopep8
$ conda activate unit4
$ pip install -r requirements.txt
```

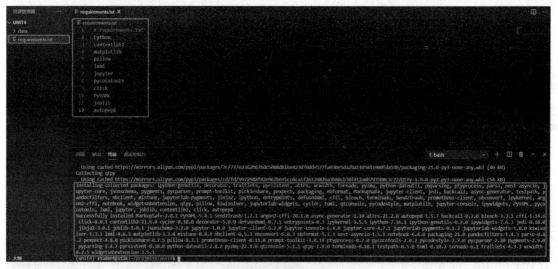

图 5.3 安装所需包

步骤 5 配置图像识别库环境

（1）安装中育 object_detection 库和中育 slim 库。

（2）在终端命令行窗口中执行以下操作，完成后删除安装程序。注意：第一行和第三行命令需要把地址换成对应的资源平台地址。

```
$ wget http://172.16.33.72/dataset/dist/zy_od_1.0.tar.gz
$ pip install zy_od_1.0.tar.gz
$ wget http://172.16.33.72/dataset/dist/zy_slim_1.0.tar.gz
$ pip install zy_slim_1.0.tar.gz
$ rm zy_od_1.0.tar.gz zy_slim_1.0.tar.gz
```

步骤 6 验证环境

在终端命令行窗口中执行以下操作，如图 5.4 所示。注意：需要把地址换成对应的资源平台地址。

```
$ wget http://172.16.33.72/dataset/script/env_test.py
$ python env_test.py
```

图 5.4　验证环境

【任务小结】

中育 object_detection 库和中育 slim 库为目标检测模型库，通过这两个库，程序可以生成基础的目标检测模型。

本任务我们完成了人工智能基础开发环境的安装和中育目标检测模型库的安装与测试。目前已经完成项目工程环境的安装配置，具备了数据标注、模型训练、评估和部署的基础条件。

任务 3　行人图片数据标注

【任务目标】

使用图片标注工具完成数据标注，导出为数据集文件，并保存标签映射文件。

【任务操作】

步骤 1　添加标注标签

（1）创建名称为"自动驾驶行人检测"的标注项目。

（2）添加 1 类标签，为 person，如图 5.5 所示。注意设置为不同的颜色标签以示区分。

图 5.5 创建新项目

步骤 2 创建训练集任务

（1）任务名称为"自动驾驶行人检测训练集"。

（2）任务子集选择"Train"。

（3）选择文件使用"连接共享文件"，选中任务 1 中整理的 train 子目录，如图 5.6 所示。

图 5.6 创建数据集任务

步骤 3 标注训练集数据

（1）打开"自动驾驶行人检测训练集"，点击左下方的"作业"进入，如图 5.7 所示。

图 5.7　进入作业标注数据集

（2）使用加锁，可以避免对已标注对象误操作，如图 5.8 所示。

（3）将一张图片中的对象标注完成后，点击上方"下一帧"。

图 5.8　标注完成后加锁

（4）继续标注，直至整个数据集完成标注。

步骤 4　导出标注训练集

（1）选择"菜单"→"导出为数据集"→"导出为 TFRecord 1.0"，如图 5.9 所示。

图 5.9 导出数据集

标注完成的数据导出后是一个压缩包 zip 文件，保存在浏览器默认的下载路径中。将这个文件解压缩，并把 default.tfrecord 重命名为 train.tfrecord。

步骤 5　创建验证集任务

（1）任务名称为"自动驾驶行人检测验证集"。

（2）任务子集选择"Validation"。

（3）选择文件使用"连接共享文件"，选中任务 1 中整理的 val 子目录，如图 5.10 所示。

图 5.10　创建验证集任务，连接共享文件

步骤 6　标注验证集数据

（1）打开"自动驾驶行人检测验证集"，点击左下方的"作业"进入，如图 5.11 所示。

图 5.11　进入作业标注数据集

（2）将一张图片中的对象标注完成后，点击上方"下一帧"。

（3）继续标注，直至整个数据集完成标注。

步骤 7　导出标注验证集

（1）选择"菜单"→"导出为数据集"→"导出为 TFRecord 1.0"。

（2）标注完成的数据集导出后是一个压缩文件，保存在浏览器默认的下载路径中。

（3）将这个文件解压缩后会得到 default.tfrecord 和 label_map.pbtxt 文件，将 default.tfrecord 重命名为 val.tfrecord。

（4）找到之前保存好的 train.tfrecord 文件，把 val.tfrecord、train.tfrecord、label_map.pbtxt 三个文件存放到一起备用。

步骤 8　上传文件

打开系统提供的 winSCP 工具，找到之前准备好的 val.tfrecord、train.tfrecord、label_map.pbtxt 文件，把这三个文件一同上传到数据处理服务器中的 home/student/projects/unit4/data 目录下，如图 5.12 所示。

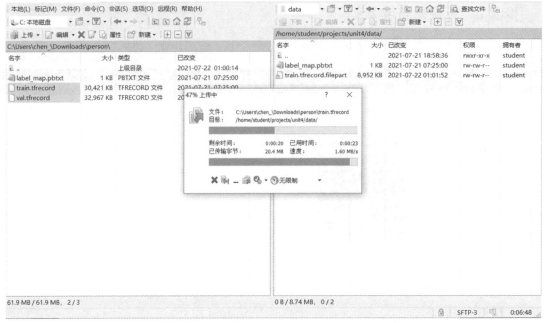

图 5.12　上传文件

【任务小结】

本任务我们使用图像标注工具对之前导入操作平台中的图片数据进行标注，并从图像标注工具导出了 label_map.pbtxt 标签映射文件，以及 train.tfrecord、val.tfrecord 两个数据集文件，如图 5.13 所示。下面我们将利用这三个文件来训练我们自己的检测模型算法。

```
(unit4) student@xt2k:~/projects/unit4$ cd data
(unit4) student@xt2k:~/projects/unit4/data$ ls
label_map.pbtxt  train.tfrecord  val.tfrecord
(unit4) student@xt2k:~/projects/unit4/data$
```

图 5.13　查看数据集文件

任务 4　行人检测模型训练

【任务目标】

搭建训练模型、配置预训练模型参数，对已标注的数据集进行训练，得到训练模型。

【任务操作】

步骤 1　搭建模型

在开发环境中打开，并准备好预训练模型相关目录。

```
$ cd ~/projects/unit4
$ mkdir pretrain_models
$ cd pretrain_models
```

下载算法团队提供的预训练模型，并解压缩。注意：需要把地址换成对应的资源平台地址。

```
$ wget http://172.16.33.72/dataset/dist/zy_ptm_u4.tar.gz
$ tar zxvf zy_ptm_u4.tar.gz
$ rm zy_ptm_u4.tar.gz
```

步骤2　配置训练模型

在开发环境中打开/home/student/projects/unit4/data 目录，创建预训练模型配置文件 person.config。

（1）主干网络配置。主干网络是整个模型训练的基础，标记了当前模型识别的物体类别等重要信息。本项目行人识别为一类，因此 num_classes 为1。

```
num_classes:1
box_coder {
 faster_rcnn_box_coder {
  y_scale:10.0
  x_scale:10.0
  height_scale:5.0
  width_scale:5.0
 }
}
matcher {
 argmax_matcher {
  matched_threshold:0.5
  unmatched_threshold:0.5
  ignore_thresholds:false
  negatives_lower_than_unmatched:true
  force_match_for_each_row:true
 }
}
similarity_calculator {
 iou_similarity {
 }
}
```

（2）先验框配置和图片分辨率配置。image_resizer 表示模型输入图片分辨率，在本例中为标准的 300×300，因此 height 为 300，width 为 300。

```
anchor_generator {
 ssd_anchor_generator {
```

```
    num_layers:6
    min_scale:0.2
    max_scale:0.95
    aspect_ratios:1.0
    aspect_ratios:2.0
    aspect_ratios:0.5
    aspect_ratios:3.0
    aspect_ratios:0.3333
   }
  }
  image_resizer {
   fixed_shape_resizer {
    height:300
    width:300
   }
}
```

（3）边界预测框配置。

```
box_predictor {
   convolutional_box_predictor {
    min_depth:0
    max_depth:0
    num_layers_before_predictor:0
    use_dropout:false
    dropout_keep_probability:0.8
    kernel_size:1
    box_code_size:4
    apply_sigmoid_to_scores:false
    conv_hyperparams {
     activation:RELU_6,
     regularizer {
      l2_regularizer {
       weight:0.00004
      }
     }
     initializer {
      truncated_normal_initializer {
       stddev:0.03
       mean:0.0
      }
```

```
      }
    batch_norm {
      train:true,
      scale:true,
      center:true,
      decay:0.9997,
      epsilon:0.001,
      }
    }
  }
}
```

（4）特征提取网络配置。

```
feature_extractor {
  type:'ssd_mobilenet_v2'
  min_depth:16
  depth_multiplier:1.0
  conv_hyperparams {
    activation:RELU_6,
    regularizer {
     l2_regularizer {
       weight:0.00004
     }
    }
    initializer {
     truncated_normal_initializer {
       stddev:0.03
       mean:0.0
     }
    }
    batch_norm {
      train:true,
      scale:true,
      center:true,
      decay:0.9997,
      epsilon:0.001,
      }
    }
  }
}
```

（5）模型损失函数配置。

```
loss {
  classification_loss {
    weighted_sigmoid {
    }
  }
  localization_loss {
    weighted_smooth_l1 {
    }
  }
  hard_example_miner {
    num_hard_examples:3000
    iou_threshold:0.99
    loss_type:CLASSIFICATION
    max_negatives_per_positive:3
    min_negatives_per_image:3
  }
  classification_weight:1.0
  localization_weight:1.0
}
normalize_loss_by_num_matches:true
post_processing {
  batch_non_max_suppression {
    score_threshold:1e-8
    iou_threshold:0.6
    max_detections_per_class:100
    max_total_detections:100
  }
  score_converter:SIGMOID
}
```

（6）训练集数据配置。batch_size 代表批处理每次迭代的数据量，initial_learning_rate 代表初始学习率，fine_tune_checkpoint 指向预训练模型文件，input_path 指向训练集的 tfrecord 文件，label_map_path 指向标签映射文件。

```
train_config:{
  batch_size:12
  optimizer {
    rms_prop_optimizer:{
      learning_rate:{
        exponential_decay_learning_rate {
```

```
        initial_learning_rate:0.004
        decay_steps:1000
        decay_factor:0.95
      }
    }
    momentum_optimizer_value:0.9
    decay:0.9
    epsilon:1.0
  }
}
fine_tune_checkpoint:"pretrain_models/zy_ptm_u4/model.ckpt"
fine_tune_checkpoint_type: "detection"
num_steps:2000
data_augmentation_options {
  random_horizontal_flip {
  }
}
data_augmentation_options {
  ssd_random_crop {
  }
}
}


train_input_reader:{
  tf_record_input_reader {
    input_path:"data/train.tfrecord"
  }
  label_map_path:"data/label_map.pbtxt"
}
```

（7）验证集数据配置。num_examples 代表验证集样本数量，input_path 指向验证集的 tfrecord 文件，label_map_path 指向标签映射文件。

```
eval_config:{
  num_examples:50
  max_evals:1
}


eval_input_reader:{
  tf_record_input_reader {
    input_path:"data/val.tfrecord"
```

```
    }
  label_map_path:"data/label_map.pbtxt"
  shuffle:false
  num_readers:1
}
```

模型配置文件 person.config 文件完整内容如下：

```
#person.config
model {
 ssd {
  num_classes:1
  box_coder {
   faster_rcnn_box_coder {
    y_scale:10.0
    x_scale:10.0
    height_scale:5.0
    width_scale:5.0
   }
  }
  matcher {
   argmax_matcher {
    matched_threshold:0.5
    unmatched_threshold:0.5
    ignore_thresholds:false
    negatives_lower_than_unmatched:true
    force_match_for_each_row:true
   }
  }
  similarity_calculator {
   iou_similarity {
   }
  }
  anchor_generator {
   ssd_anchor_generator {
    num_layers:6
    min_scale:0.2
    max_scale:0.95
    aspect_ratios:1.0
    aspect_ratios:2.0
    aspect_ratios:0.5
```

```
      aspect_ratios:3.0
      aspect_ratios:0.3333
    }
  }
  image_resizer {
   fixed_shape_resizer {
     height:300
     width:300
   }
  }
  box_predictor {
   convolutional_box_predictor {
     min_depth:0
     max_depth:0
     num_layers_before_predictor:0
     use_dropout:false
     dropout_keep_probability:0.8
     kernel_size:1
     box_code_size:4
     apply_sigmoid_to_scores:false
     conv_hyperparams {
       activation:RELU_6,
       regularizer {
        l2_regularizer {
          weight:0.00004
        }
       }
       initializer {
        truncated_normal_initializer {
          stddev:0.03
          mean:0.0
        }
       }
       batch_norm {
        train:true,
        scale:true,
        center:true,
        decay:0.9997,
        epsilon:0.001,
```

```
        }
      }
    }
  }
  feature_extractor {
   type:'ssd_mobilenet_v2'
   min_depth:16
   depth_multiplier:1.0
   conv_hyperparams {
     activation:RELU_6,
     regularizer {
       l2_regularizer {
         weight:0.00004
       }
     }
     initializer {
       truncated_normal_initializer {
         stddev:0.03
         mean:0.0
       }
     }
     batch_norm {
       train:true,
       scale:true,
       center:true,
       decay:0.9997,
       epsilon:0.001,
     }
    }
  }
  loss {
   classification_loss {
     weighted_sigmoid {
     }
   }
   localization_loss {
     weighted_smooth_l1 {
     }
   }
```

```
    hard_example_miner {
      num_hard_examples:3000
      iou_threshold:0.99
      loss_type:CLASSIFICATION
      max_negatives_per_positive:3
      min_negatives_per_image:3
    }
    classification_weight:1.0
    localization_weight:1.0
  }
  normalize_loss_by_num_matches:true
  post_processing {
    batch_non_max_suppression {
      score_threshold:1e-8
      iou_threshold:0.6
      max_detections_per_class:100
      max_total_detections:100
    }
    score_converter:SIGMOID
  }
 }
}

train_config:{
  batch_size:12
  optimizer {
    rms_prop_optimizer:{
      learning_rate:{
        exponential_decay_learning_rate {
          initial_learning_rate:0.004
          decay_steps:1000
          decay_factor:0.95
        }
      }
      momentum_optimizer_value:0.9
      decay:0.9
      epsilon:1.0
    }
  }
```

```
fine_tune_checkpoint:"pretrain_models/zy_ptm_u4/model.ckpt"
fine_tune_checkpoint_type: "detection"
num_steps:2000
data_augmentation_options {
  random_horizontal_flip {
  }
}
data_augmentation_options {
  ssd_random_crop {
  }
}
}

train_input_reader:{
 tf_record_input_reader {
   input_path:"data/train.tfrecord"
 }
 label_map_path:"data/label_map.pbtxt"
}

eval_config:{
 num_examples:50
 max_evals:1
}

eval_input_reader:{
 tf_record_input_reader {
   input_path:"data/val.tfrecord"
 }
 label_map_path:"data/label_map.pbtxt"
 shuffle:false
 num_readers:1
}
```

步骤 3　创建训练文件

在开发环境中打开/home/student/projects/unit4/目录，创建训练程序 train.py。
（1）导入训练所需模块和函数。

```
import functools
import json
```

```
import os
import tensorflow as tf
from object_detection.builders import dataset_builder
from object_detection.builders import graph_rewriter_builder
from object_detection.builders import model_builder
from object_detection.legacy import trainer
from object_detection.utils import config_util
```

（2）定义输入参数。

```
os.environ["TF_CPP_MIN_LOG_LEVEL"] = '3'
tf.logging.set_verbosity(tf.logging.INFO)
flags = tf.app.flags
flags.DEFINE_string('master', '', '')
flags.DEFINE_integer('task', 0,'task id')
flags.DEFINE_integer('num_clones', 1,'')
flags.DEFINE_boolean('clone_on_cpu', False,'')
flags.DEFINE_integer('worker_replicas', 1,'')
flags.DEFINE_integer('ps_tasks', 0,'')
flags.DEFINE_string('train_dir', '', 'Directory to save the checkpoints and training summaries.')
flags.DEFINE_string('pipeline_config_path', '', 'Path to a pipeline config.')
flags.DEFINE_string('train_config_path', '', 'Path to a train_pb2.TrainConfig.')
flags.DEFINE_string('input_config_path', '', 'Path to an input_reader_pb2.InputReader.')
flags.DEFINE_string('model_config_path', '', 'Path to a model_pb2.DetectionModel.')
FLAGS = flags.FLAGS
```

（3）训练主函数：加载模型配置。

```
@tf.contrib.framework.deprecated(None,'Use object_detection/model_main.py.')
def main(_):
  assert FLAGS.train_dir,'`train_dir` is missing.'
  if FLAGS.task == 0:tf.gfile.MakeDirs(FLAGS.train_dir)
  if FLAGS.pipeline_config_path:
    configs = config_util.get_configs_from_pipeline_file(
        FLAGS.pipeline_config_path)
    if FLAGS.task == 0:
      tf.gfile.Copy(FLAGS.pipeline_config_path,
               os.path.join(FLAGS.train_dir,'pipeline.config'),
               overwrite=True)
  else:
    configs = config_util.get_configs_from_multiple_files(
        model_config_path=FLAGS.model_config_path,
        train_config_path=FLAGS.train_config_path,
```

```
                  train_input_config_path=FLAGS.input_config_path)
        if FLAGS.task == 0:
          for name,config in [('model.config', FLAGS.model_config_path),
                      ('train.config', FLAGS.train_config_path),
                      ('input.config', FLAGS.input_config_path)]:
            tf.gfile.Copy(config,os.path.join(FLAGS.train_dir,name),
                    overwrite=True)


      model_config = configs['model']
      train_config = configs['train_config']
      input_config = configs['train_input_config']
      model_fn = functools.partial(
        model_builder.build,
        model_config=model_config,
        is_training=True)
```

（4）训练主函数：设计模型线程和迭代循环。

```
      def get_next(config):
        return dataset_builder.make_initializable_iterator(
          dataset_builder.build(config)).get_next()


      create_input_dict_fn = functools.partial(get_next,input_config)


      env = json.loads(os.environ.get('TF_CONFIG', '{}'))
      cluster_data = env.get('cluster', None)
      cluster = tf.train.ClusterSpec(cluster_data)if cluster_data else None
      task_data = env.get('task', None)or {'type': 'master', 'index': 0}
      task_info = type('TaskSpec', (object,),task_data)


      ps_tasks = 0
      worker_replicas = 1
      worker_job_name = 'lonely_worker'
      task = 0
      is_chief = True
      master = ''


      if cluster_data and 'worker' in cluster_data:
        worker_replicas = len(cluster_data['worker'])+ 1
      if cluster_data and 'ps' in cluster_data:
        ps_tasks = len(cluster_data['ps'])
```

```
if worker_replicas > 1 and ps_tasks < 1:
    raise ValueError('At least 1 ps task is needed for distributed training.')

if worker_replicas >= 1 and ps_tasks > 0:
    server = tf.train.Server(tf.train.ClusterSpec(cluster),protocol='grpc',
                     job_name=task_info.type,
                     task_index=task_info.index)
    if task_info.type == 'ps':
        server.join()
        return
    worker_job_name = '%s/task:%d' %(task_info.type,task_info.index)
    task = task_info.index
    is_chief =(task_info.type == 'master')
    master = server.target
```

（5）训练主函数：记录训练日志，配置训练函数参数。

```
graph_rewriter_fn = None
if 'graph_rewriter_config' in configs:
    graph_rewriter_fn = graph_rewriter_builder.build(
        configs['graph_rewriter_config'],is_training=True)

trainer.train(
    create_input_dict_fn,
    model_fn,
    train_config,
    master,
    task,
    FLAGS.num_clones,
    worker_replicas,
    FLAGS.clone_on_cpu,
    ps_tasks,
    worker_job_name,
    is_chief,
    FLAGS.train_dir,
    graph_hook_fn=graph_rewriter_fn)
print("模型训练完成!")
```

训练程序 train.py 文件完整内容如下：

```
# train.py
import functools
```

```python
import json
import os
import tensorflow as tf
from object_detection.builders import dataset_builder
from object_detection.builders import graph_rewriter_builder
from object_detection.builders import model_builder
from object_detection.legacy import trainer
from object_detection.utils import config_util


os.environ["TF_CPP_MIN_LOG_LEVEL"] = '3'
tf.logging.set_verbosity(tf.logging.INFO)
flags = tf.app.flags
flags.DEFINE_string('master', '', '')
flags.DEFINE_integer('task', 0,'task id')
flags.DEFINE_integer('num_clones', 1,'')
flags.DEFINE_boolean('clone_on_cpu', False,'')
flags.DEFINE_integer('worker_replicas', 1,'')
flags.DEFINE_integer('ps_tasks', 0,'')
flags.DEFINE_string('train_dir', '', 'Directory to save the checkpoints and training summaries.')
flags.DEFINE_string('pipeline_config_path', '', 'Path to a pipeline config.')
flags.DEFINE_string('train_config_path', '', 'Path to a train_pb2.TrainConfig.')
flags.DEFINE_string('input_config_path', '', 'Path to an input_reader_pb2.InputReader.')
flags.DEFINE_string('model_config_path', '', 'Path to a model_pb2.DetectionModel.')
FLAGS = flags.FLAGS


@tf.contrib.framework.deprecated(None,'Use object_detection/model_main.py.')
def main(_):
  assert FLAGS.train_dir,'`train_dir` is missing.'
  if FLAGS.task == 0:tf.gfile.MakeDirs(FLAGS.train_dir)
  if FLAGS.pipeline_config_path:
    configs = config_util.get_configs_from_pipeline_file(
      FLAGS.pipeline_config_path)
    if FLAGS.task == 0:
      tf.gfile.Copy(FLAGS.pipeline_config_path,
              os.path.join(FLAGS.train_dir,'pipeline.config'),
              overwrite=True)
  else:
    configs = config_util.get_configs_from_multiple_files(
```

```
        model_config_path=FLAGS.model_config_path,
        train_config_path=FLAGS.train_config_path,
        train_input_config_path=FLAGS.input_config_path)
    if FLAGS.task == 0:
      for name,config in [('model.config', FLAGS.model_config_path),
                  ('train.config', FLAGS.train_config_path),
                  ('input.config', FLAGS.input_config_path)]:
        tf.gfile.Copy(config,os.path.join(FLAGS.train_dir,name),
                overwrite=True)

  model_config = configs['model']
  train_config = configs['train_config']
  input_config = configs['train_input_config']

  model_fn = functools.partial(
    model_builder.build,
    model_config=model_config,
    is_training=True)

  def get_next(config):
    return dataset_builder.make_initializable_iterator(
      dataset_builder.build(config)).get_next()

  create_input_dict_fn = functools.partial(get_next,input_config)

  env = json.loads(os.environ.get('TF_CONFIG', '{}'))
  cluster_data = env.get('cluster', None)
  cluster = tf.train.ClusterSpec(cluster_data)if cluster_data else None
  task_data = env.get('task', None)or {'type': 'master', 'index': 0}
  task_info = type('TaskSpec', (object,),task_data)

  ps_tasks = 0
  worker_replicas = 1
  worker_job_name = 'lonely_worker'
  task = 0
  is_chief = True
  master = ''

  if cluster_data and 'worker' in cluster_data:
```

```python
    worker_replicas = len(cluster_data['worker'])+ 1
  if cluster_data and 'ps' in cluster_data:
   ps_tasks = len(cluster_data['ps'])

  if worker_replicas > 1 and ps_tasks < 1:
   raise ValueError('At least 1 ps task is needed for distributed training.')

  if worker_replicas >= 1 and ps_tasks > 0:
   server = tf.train.Server(tf.train.ClusterSpec(cluster),protocol='grpc',
                 job_name=task_info.type,
                 task_index=task_info.index)
   if task_info.type == 'ps':
    server.join()
    return

   worker_job_name = '%s/task:%d' %(task_info.type,task_info.index)
   task = task_info.index
   is_chief =(task_info.type == 'master')
   master = server.target

 graph_rewriter_fn = None
 if 'graph_rewriter_config' in configs:
  graph_rewriter_fn = graph_rewriter_builder.build(
    configs['graph_rewriter_config'],is_training=True)

 trainer.train(
    create_input_dict_fn,
    model_fn,
    train_config,
    master,
    task,
    FLAGS.num_clones,
    worker_replicas,
    FLAGS.clone_on_cpu,
    ps_tasks,
    worker_job_name,
    is_chief,
    FLAGS.train_dir,
    graph_hook_fn=graph_rewriter_fn)
```

```
print("模型训练完成!")


if __name__ == '__main__':
    tf.app.run()
```

步骤 4　训练模型

运行训练 train.py 程序，读取配置文件 person.config 中定义的训练模型、训练参数、数据集，把训练日志和检查点保存到 checkpoint 目录中，如图 5.14 所示。

```
$ conda activate unit4
$ python train.py --logtostderr --train_dir checkpoint --pipeline_config_path data/person.config
```

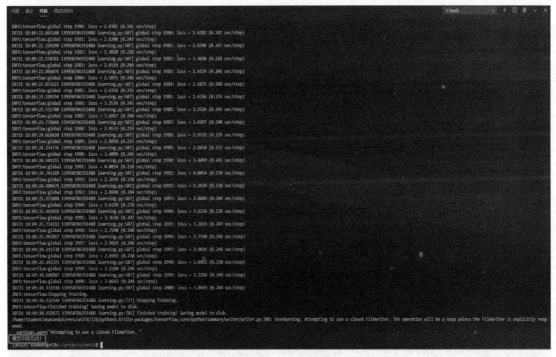

图 5.14　训练模型

步骤 5　可视化训练过程

在训练过程中打开 tensorboard 可以查看训练日志，如图 5.15 所示。训练日志中记录了模型分类损失、回归损失和总损失量的变化，通过 Losses 选项中的图表可以看到训练过程中的损失在不断变化，越到后面损失越小，说明模型对训练数据的拟合度越来越高。注意：需要把地址换成对应的数据处理服务器地址，然后在浏览器中输入对应地址和端口号进行查看。

```
$ tensorboard --host 172.16.33.11 --port 8889 --logdir checkpoint/
```

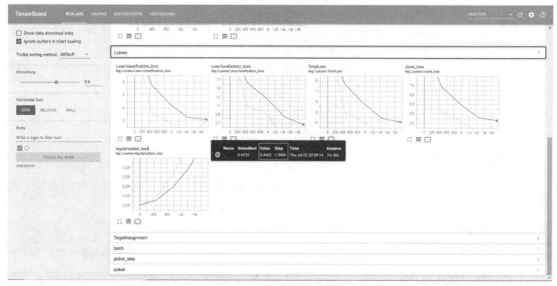

图 5.15　可视化训练过程

步骤 6　查看训练结果

进入 checkpoint 子目录，可以看到生成了多组模型文件，如图 5.16 所示。

model.ckpt-×××.meta 文件：保存了计算图，也就是神经网络的结构。

model.ckpt-×××.data-×××文件：保存了模型的变量。

model.ckpt-×××.index 文件：保存了神经网络索引映射文件。

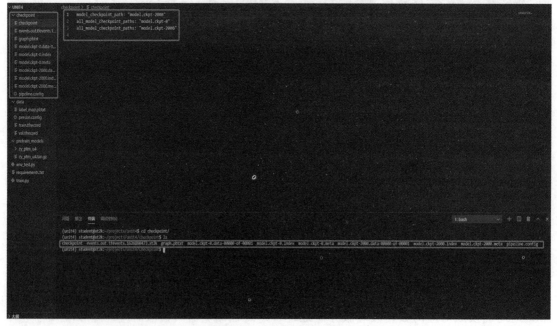

图 5.16　查看训练结果

本任务我们根据算法团队提供的算法模型，配置了训练模型参数，对已标注的数据集进行了训练，得到了训练后的多组模型文件。后面我们将对训练后的模型进行评估，判断其可用性。

任务5　行人检测模型评估

【任务目标】

对训练模型进行评估，判断模型的可用性。

【任务操作】

步骤1　创建评估文件

在开发环境中打开/home/student/projects/unit4/目录，创建评估程序 eval.py。

（1）导入模型的各个模块并定义输入参数。

```
import functools
import os
import tensorflow as tf

from object_detection.builders import dataset_builder
from object_detection.builders import graph_rewriter_builder
from object_detection.builders import model_builder
from object_detection.legacy import evaluator
from object_detection.utils import config_util
from object_detection.utils import label_map_util

os.environ["TF_CPP_MIN_LOG_LEVEL"] = '3'
tf.compat.v1.logging.set_verbosity(tf.compat.v1.logging.ERROR)
flags = tf.app.flags
flags.DEFINE_boolean('eval_training_data', False,'')
flags.DEFINE_string('checkpoint_dir', '', '')
flags.DEFINE_string('eval_dir', '', 'Directory to write eval summaries.')
flags.DEFINE_string('pipeline_config_path', '', 'Path to a pipeline config.')
flags.DEFINE_string('eval_config_path', '', '')
flags.DEFINE_string('input_config_path', '', '')
flags.DEFINE_string('model_config_path', '', '')
```

```
flags.DEFINE_boolean('run_once', False,'')
FLAGS = flags.FLAGS
```

（2）评估主函数：加载模型配置。

```
@tf.contrib.framework.deprecated(None,'Use object_detection/model_main.py.')
def main(unused_argv):
  assert FLAGS.checkpoint_dir,'`checkpoint_dir` is missing.'
  assert FLAGS.eval_dir,'`eval_dir` is missing.'
  tf.gfile.MakeDirs(FLAGS.eval_dir)
  if FLAGS.pipeline_config_path:
    configs = config_util.get_configs_from_pipeline_file(
        FLAGS.pipeline_config_path)
    tf.gfile.Copy(
        FLAGS.pipeline_config_path,
        os.path.join(FLAGS.eval_dir,'pipeline.config'),
        overwrite=True)
  else:
    configs = config_util.get_configs_from_multiple_files(
        model_config_path=FLAGS.model_config_path,
        eval_config_path=FLAGS.eval_config_path,
        eval_input_config_path=FLAGS.input_config_path)
    for name,config in [('model.config', FLAGS.model_config_path),
                ('eval.config', FLAGS.eval_config_path),
                ('input.config', FLAGS.input_config_path)]:
      tf.gfile.Copy(config,os.path.join(FLAGS.eval_dir,name),overwrite=True)

  model_config = configs['model']
  eval_config = configs['eval_config']
  input_config = configs['eval_input_config']
  if FLAGS.eval_training_data:
    input_config = configs['train_input_config']

  model_fn = functools.partial(
      model_builder.build,model_config=model_config,is_training=False)
```

（3）评估主函数：定义评估循环，并记录评估日志。

```
  def get_next(config):
    return dataset_builder.make_initializable_iterator(
        dataset_builder.build(config)).get_next()

  create_input_dict_fn = functools.partial(get_next,input_config)
```

```
    categories = label_map_util.create_categories_from_labelmap(
        input_config.label_map_path)

    if FLAGS.run_once:
        eval_config.max_evals = 1

    graph_rewriter_fn = None
    if 'graph_rewriter_config' in configs:
        graph_rewriter_fn = graph_rewriter_builder.build(
            configs['graph_rewriter_config'],is_training=False)
```

（4）评估主函数：配置评估函数参数。

```
    evaluator.evaluate(
        create_input_dict_fn,
        model_fn,
        eval_config,
        categories,
        FLAGS.checkpoint_dir,
        FLAGS.eval_dir,
        graph_hook_fn=graph_rewriter_fn)
print("模型评估完成!")
```

评估程序 eval.py 文件完整内容如下：

```
# eval.py
import functools
import os
import tensorflow as tf
import tensorflow as tf
from object_detection.builders import graph_rewriter_builder
from object_detection.builders import model_builder
from object_detection.legacy import evaluator
from object_detection.utils import config_util
from object_detection.utils import label_map_util

os.environ["TF_CPP_MIN_LOG_LEVEL"] = '3'
from object_detection.builders import dataset_builder
flags = tf.app.flags
flags.DEFINE_boolean('eval_training_data', False,'')
flags.DEFINE_string('checkpoint_dir', '', '')
flags.DEFINE_string('eval_dir', '', 'Directory to write eval summaries.')
flags.DEFINE_string('pipeline_config_path', '', 'Path to a pipeline config.')
```

```python
flags.DEFINE_string('eval_config_path', '', '')
flags.DEFINE_string('input_config_path', '', '')
flags.DEFINE_string('model_config_path', '', '')
flags.DEFINE_boolean('run_once', False, '')
FLAGS = flags.FLAGS


@tf.contrib.framework.deprecated(None,'Use object_detection/model_main.py.')
def main(unused_argv):
  assert FLAGS.checkpoint_dir,'`checkpoint_dir` is missing.'
  assert FLAGS.eval_dir,'`eval_dir` is missing.'
  tf.gfile.MakeDirs(FLAGS.eval_dir)
  if FLAGS.pipeline_config_path:
    configs = config_util.get_configs_from_pipeline_file(
      FLAGS.pipeline_config_path)
    tf.gfile.Copy(
      FLAGS.pipeline_config_path,
      os.path.join(FLAGS.eval_dir,'pipeline.config'),
      overwrite=True)
  else:
    configs = config_util.get_configs_from_multiple_files(
      model_config_path=FLAGS.model_config_path,
      eval_config_path=FLAGS.eval_config_path,
      eval_input_config_path=FLAGS.input_config_path)
    for name,config in [('model.config', FLAGS.model_config_path),
              ('eval.config', FLAGS.eval_config_path),
              ('input.config', FLAGS.input_config_path)]:
      tf.gfile.Copy(config,os.path.join(FLAGS.eval_dir,name),overwrite=True)

  model_config = configs['model']
  eval_config = configs['eval_config']
  input_config = configs['eval_input_config']
  if FLAGS.eval_training_data:
    input_config = configs['train_input_config']

  model_fn = functools.partial(
    model_builder.build,model_config=model_config,is_training=False)

  def get_next(config):
```

```
    return dataset_builder.make_initializable_iterator(
        dataset_builder.build(config)).get_next()

    create_input_dict_fn = functools.partial(get_next,input_config)

    categories = label_map_util.create_categories_from_labelmap(
        input_config.label_map_path)

    if FLAGS.run_once:
      eval_config.max_evals = 1

    graph_rewriter_fn = None
    if 'graph_rewriter_config' in configs:
      graph_rewriter_fn = graph_rewriter_builder.build(
          configs['graph_rewriter_config'],is_training=False)

    evaluator.evaluate(
        create_input_dict_fn,
        model_fn,
        eval_config,
        categories,
        FLAGS.checkpoint_dir,
        FLAGS.eval_dir,
        graph_hook_fn=graph_rewriter_fn)
    print("模型评估完成!")


if __name__ == '__main__':
  tf.app.run()
```

步骤 2　评估已训练模型

运行训练文件 eval.py 程序，读取配置文件 person.config 中定义的预训练模型、训练参数、标注数据集，读取 checkpoint 目录中的训练结果，把评估结果保存到 evaluation 目录中。

```
$ conda activate unit4
$ python eval.py --logtostderr --checkpoint_dir checkpoint --eval_dir evaluation --pipeline_config_path data/person.config
```

在评估过程中，可以看到对不同类别的评估结果，如图 5.17 所示。

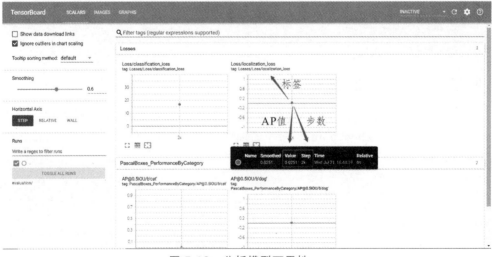

图 5.17　评估模型

步骤 3　查看评估结果

利用 TensorBoard 工具查看评估结果。注意：需要把地址换成对应的数据处理服务器地址，然后在浏览器中输入对应地址和端口号进行查看。

```
$ tensorboard --host 172.16.33.11 --port 8889 --logdir evaluation/
```

步骤 4　分析模型可用性

在浏览器中查看各类别的平均精确度（AP）值，越接近 1 则说明模型的可用性越高。此时图上显示，step 是 2k，说明这个模型是训练到 2000 步时保存下来的，对应 model.ckpt-2000 训练模型，如图 5.18 所示。

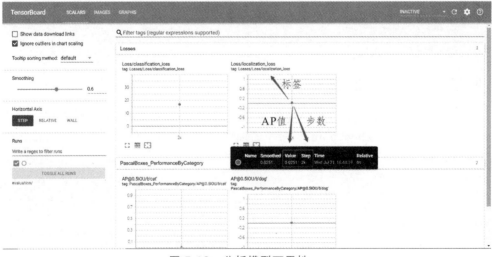

图 5.18　分析模型可用性

TensorBoard 是 Tensorflow 内置的一个可视化工具，它通过将 Tensorflow 程序输出的日志文件的信息可视化，使得 Tensorflow 程序的理解、调试和优化更加简单、高效。本任务通过对模型的评估，我们得到了训练过程中实用性较强的一组模型，后续将对此模型导出冻结图和进行测试。

任务6　行人检测模型测试

【任务目标】

把已经评估为可用性较强的模型，导出为可测试的冻结图模型，用测试数据进行测试。

【任务操作】

步骤1　创建导出文件

在开发环境中打开/home/student/projects/unit4/目录，创建导出程序 export_fz.py。
（1）导入模型转换模块，定义输入参数。

```
import os
import tensorflow as tf
from google.protobuf import text_format
from object_detection import exporter
from object_detection.protos import pipeline_pb2

os.environ["TF_CPP_MIN_LOG_LEVEL"] = '3'
tf.compat.v1.logging.set_verbosity(tf.compat.v1.logging.ERROR)
slim = tf.contrib.slim
flags = tf.app.flags

flags.DEFINE_string('input_type', 'image_tensor', '')
flags.DEFINE_string('input_shape', None,'[None,None,None,3]')
flags.DEFINE_string('pipeline_config_path', None,'Path to a pipeline config.')
flags.DEFINE_string('trained_checkpoint_prefix', None,'path/to/model.ckpt')
flags.DEFINE_string('output_directory', None,'Path to write outputs.')
flags.DEFINE_string('config_override', '', '')
flags.DEFINE_boolean('write_inference_graph', False,'')
tf.app.flags.mark_flag_as_required('pipeline_config_path')
tf.app.flags.mark_flag_as_required('trained_checkpoint_prefix')
```

```
tf.app.flags.mark_flag_as_required('output_directory')
FLAGS = flags.FLAGS
```

（2）转换模型主函数，调用模型转换函数。

```python
def main(_):
  pipeline_config = pipeline_pb2.TrainEvalPipelineConfig()
  with tf.gfile.GFile(FLAGS.pipeline_config_path,'r')as f:
    text_format.Merge(f.read(),pipeline_config)
  text_format.Merge(FLAGS.config_override,pipeline_config)
  if FLAGS.input_shape:
    input_shape = [
        int(dim)if dim != '-1' else None
        for dim in FLAGS.input_shape.split(',')
    ]
  else:
    input_shape = None
  exporter.export_inference_graph(
      FLAGS.input_type,pipeline_config,FLAGS.trained_checkpoint_prefix,
      FLAGS.output_directory,input_shape=input_shape,
      write_inference_graph=FLAGS.write_inference_graph)
  print("模型转换完成!")
```

导出程序 export_fz.py 文件完整内容如下：

```python
# export_fz.py
import os
import tensorflow as tf
from google.protobuf import text_format
from object_detection import exporter
from object_detection.protos import pipeline_pb2


os.environ["TF_CPP_MIN_LOG_LEVEL"] = '3'
tf.compat.v1.logging.set_verbosity(tf.compat.v1.logging.ERROR)
slim = tf.contrib.slim
flags = tf.app.flags


flags.DEFINE_string('input_type', 'image_tensor', '')
flags.DEFINE_string('input_shape', None,'[None,None,None,3]')
flags.DEFINE_string('pipeline_config_path', None,'Path to a pipeline config.')
flags.DEFINE_string('trained_checkpoint_prefix', None,'path/to/model.ckpt')
flags.DEFINE_string('output_directory', None,'Path to write outputs.')
flags.DEFINE_string('config_override', '', '')
```

```python
flags.DEFINE_boolean('write_inference_graph', False,'')
tf.app.flags.mark_flag_as_required('pipeline_config_path')
tf.app.flags.mark_flag_as_required('trained_checkpoint_prefix')
tf.app.flags.mark_flag_as_required('output_directory')
FLAGS = flags.FLAGS


def main(_):
  pipeline_config = pipeline_pb2.TrainEvalPipelineConfig()
  with tf.gfile.GFile(FLAGS.pipeline_config_path,'r')as f:
    text_format.Merge(f.read(),pipeline_config)
  text_format.Merge(FLAGS.config_override,pipeline_config)
  if FLAGS.input_shape:
    input_shape = [
        int(dim)if dim != '-1' else None
        for dim in FLAGS.input_shape.split(',')
    ]
  else:
    input_shape = None
  exporter.export_inference_graph(
      FLAGS.input_type,pipeline_config,FLAGS.trained_checkpoint_prefix,
      FLAGS.output_directory,input_shape=input_shape,
      write_inference_graph=FLAGS.write_inference_graph)
  print("模型转换完成!")


if __name__ == '__main__':
  tf.app.run()
```

步骤 2　导出冻结图模型

运行导出文件 export_fz.py 程序，读取配置文件 person.config 中定义的配置，读取 checkpoint 目录中的 model.ckpt-2000 训练模型，导出为冻结图模型，保存到 frozen_models 目录中，如图 5.19 所示。

```
$ conda activate unit4
$ python export_fz.py --input_type image_tensor --pipeline_config_path data/person.config --trained_checkpoint_prefix checkpoint/model.ckpt-2000 --output_directory frozen_models
```

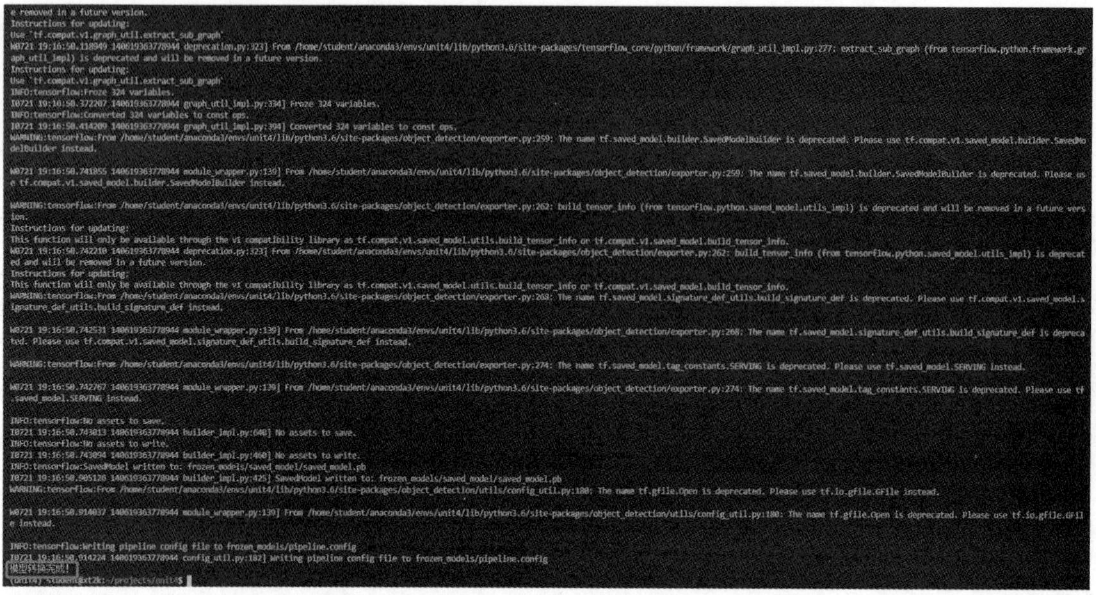

图 5.19　导出模型

步骤 3　创建测试文件

在开发环境中打开/home/student/projects/unit4/目录，创建测试文件 detect.py。
（1）导入测试所需模块和可视化函数，定义输入参数。

```
import numpy as np
import os
import tensorflow as tf
import matplotlib.pyplot as plt
from PIL import Image
from object_detection.utils import label_map_util
from object_detection.utils import visualization_utils as vis_util
from object_detection.utils import ops as utils_ops

os.environ["TF_CPP_MIN_LOG_LEVEL"] = '3'
tf.compat.v1.logging.set_verbosity(tf.compat.v1.logging.ERROR)
detect_img = '/home/student/data/person/test/5.jpg'
result_img = '/home/student/projects/unit4/img/5_result.jpg'
MODEL_NAME = 'frozen_models'
PATH_TO_FROZEN_GRAPH = MODEL_NAME + '/frozen_inference_graph.pb'
PATH_TO_LABELS = 'data/label_map.pbtxt'
```

（2）加载模型计算图和数据标签。

```
detection_graph = tf.Graph()
with detection_graph.as_default():
    od_graph_def = tf.compat.v1.GraphDef()
```

```
    with tf.io.gfile.GFile(PATH_TO_FROZEN_GRAPH,'rb')as fid:
        serialized_graph = fid.read()
        od_graph_def.ParseFromString(serialized_graph)
        tf.import_graph_def(od_graph_def,name='')
    category_index = label_map_util.create_category_index_from_labelmap(PATH_TO_LABELS,
use_display_name=True)
```

（3）图片数据转换函数。

```
def load_image_into_numpy_array(image):
    (im_width,im_height)= image.size
    return np.array(image.getdata()).reshape((im_height,im_width,3)).astype(np.uint8)
```

（4）单张图像检测函数。

```
def run_inference_for_single_image(image,graph):
    with graph.as_default():
        with tf.compat.v1.Session()as sess:
            ops = tf.compat.v1.get_default_graph().get_operations()
            all_tensor_names = {output.name for op in ops for output in op.outputs}
            tensor_dict = {}
            for key in ['num_detections', 'detection_boxes', 'detection_scores',
                'detection_classes', 'detection_masks']:
                tensor_name = key + ':0'
                if tensor_name in all_tensor_names:
                    tensor_dict[key] = tf.compat.v1.get_default_graph().get_tensor_by_name
(tensor_name)
            if 'detection_masks' in tensor_dict:
                detection_boxes = tf.squeeze(tensor_dict['detection_boxes'],[0])
                detection_masks = tf.squeeze(tensor_dict['detection_masks'],[0])
                real_num_detection = tf.cast(tensor_dict['num_detections'][0],tf.int32)
                detection_boxes = tf.slice(detection_boxes,[0,0],[real_num_detection,-1])
                detection_masks = tf.slice(detection_masks,[0,0,0],[real_num_detection,-1,-1])
                detection_masks_reframed = utils_ops.reframe_box_masks_to_image_masks
(detection_masks,detection_boxes,image.shape[1],image.shape[2])
                detection_masks_reframed = tf.cast(tf.greater(detection_masks_reframed,0.5),
tf.uint8)
                tensor_dict['detection_masks'] = tf.expand_dims(detection_masks_reframed,0)
            image_tensor = tf.compat.v1.get_default_graph().get_tensor_by_name('image_tensor:0')

            output_dict = sess.run(tensor_dict,feed_dict={image_tensor:image})

            output_dict['num_detections'] = int(output_dict['num_detections'][0])
```

```python
        output_dict['detection_classes'] = output_dict['detection_classes'][0].astype(np.int64)
        output_dict['detection_boxes'] = output_dict['detection_boxes'][0]
        output_dict['detection_scores'] = output_dict['detection_scores'][0]
        if 'detection_masks' in output_dict:
            output_dict['detection_masks'] = output_dict['detection_masks'][0]
    return output_dict
```

（5）输入图片数据，检测输入数据，保存检测结果。

```python
image = Image.open(detect_img)
image_np = load_image_into_numpy_array(image)
# [1,None,None,3]
image_np_expanded = np.expand_dims(image_np,axis=0)
output_dict = run_inference_for_single_image(image_np_expanded,detection_graph)
vis_util.visualize_boxes_and_labels_on_image_array(
    image_np,
    output_dict['detection_boxes'],
    output_dict['detection_classes'],
    output_dict['detection_scores'],
    category_index,
    instance_masks=output_dict.get('detection_masks'),
    use_normalized_coordinates=True,
    line_thickness=6)
plt.figure()
plt.axis('off')
plt.imshow(image_np)
plt.savefig(result_img,bbox_inches='tight', pad_inches=0)
print("测试%s 完成,结果保存在%s" % (detect_img,result_img))
```

测试程序 detect.py 完整内容如下：

```python
#detect.py
import numpy as np
import os
import tensorflow as tf
import matplotlib.pyplot as plt
from PIL import Image
from object_detection.utils import label_map_util
from object_detection.utils import visualization_utils as vis_util
from object_detection.utils import ops as utils_ops

os.environ["TF_CPP_MIN_LOG_LEVEL"] = '3'
tf.compat.v1.logging.set_verbosity(tf.compat.v1.logging.ERROR)
```

```python
detect_img = '/home/student/data/person/test/5.jpg'
result_img = '/home/student/projects/unit4/img/5_result.jpg'
MODEL_NAME = 'frozen_models'
PATH_TO_FROZEN_GRAPH = MODEL_NAME + '/frozen_inference_graph.pb'
PATH_TO_LABELS = 'data/label_map.pbtxt'


detection_graph = tf.Graph()
with detection_graph.as_default():
    od_graph_def = tf.compat.v1.GraphDef()
    with tf.io.gfile.GFile(PATH_TO_FROZEN_GRAPH,'rb')as fid:
        serialized_graph = fid.read()
        od_graph_def.ParseFromString(serialized_graph)
        tf.import_graph_def(od_graph_def,name='')
category_index = label_map_util.create_category_index_from_labelmap(PATH_TO_LABELS,
use_display_name=True)


def load_image_into_numpy_array(image):
    (im_width,im_height)= image.size
    return np.array(image.getdata()).reshape((im_height,im_width,3)).astype(np.uint8)


def run_inference_for_single_image(image,graph):
    with graph.as_default():
        with tf.compat.v1.Session()as sess:
            ops = tf.compat.v1.get_default_graph().get_operations()
            all_tensor_names = {output.name for op in ops for output in op.outputs}
            tensor_dict = {}
            for key in ['num_detections', 'detection_boxes', 'detection_scores',
                'detection_classes', 'detection_masks']:
                tensor_name = key + ':0'
                if tensor_name in all_tensor_names:
                    tensor_dict[key] = tf.compat.v1.get_default_graph().get_tensor_by_name
(tensor_name)
            if 'detection_masks' in tensor_dict:
                detection_boxes = tf.squeeze(tensor_dict['detection_boxes'],[0])
                detection_masks = tf.squeeze(tensor_dict['detection_masks'],[0])
                real_num_detection = tf.cast(tensor_dict['num_detections'][0],tf.int32)
```

```
            detection_boxes = tf.slice(detection_boxes,[0,0],[real_num_detection,-1])
            detection_masks = tf.slice(detection_masks,[0,0,0],[real_num_detection,-1,-1])
            detection_masks_reframed = utils_ops.reframe_box_masks_to_image_masks
(detection_masks,detection_boxes,image.shape[1],image.shape[2])
            detection_masks_reframed = tf.cast(tf.greater(detection_masks_reframed,0.5),
tf.uint8)
            tensor_dict['detection_masks'] = tf.expand_dims(detection_masks_reframed,0)
        image_tensor = tf.compat.v1.get_default_graph().get_tensor_by_name('image_
tensor:0')

        output_dict = sess.run(tensor_dict,feed_dict={image_tensor:image})

        output_dict['num_detections'] = int(output_dict['num_detections'][0])
        output_dict['detection_classes'] = output_dict['detection_classes'][0].astype(np.int64)
        output_dict['detection_boxes'] = output_dict['detection_boxes'][0]
        output_dict['detection_scores'] = output_dict['detection_scores'][0]
        if 'detection_masks' in output_dict:
            output_dict['detection_masks'] = output_dict['detection_masks'][0]
    return output_dict


image = Image.open(detect_img)
image_np = load_image_into_numpy_array(image)
# [1,None,None,3]
image_np_expanded = np.expand_dims(image_np,axis=0)
output_dict = run_inference_for_single_image(image_np_expanded,detection_graph)
vis_util.visualize_boxes_and_labels_on_image_array(
    image_np,
    output_dict['detection_boxes'],
    output_dict['detection_classes'],
    output_dict['detection_scores'],
    category_index,
    instance_masks=output_dict.get('detection_masks'),
    use_normalized_coordinates=True,
    line_thickness=6)
plt.figure()
plt.axis('off')
plt.imshow(image_np)
plt.savefig(result_img,bbox_inches='tight', pad_inches=0)
print("测试%s完成,结果保存在%s" % (detect_img,result_img))
```

步骤 4　测试并查看结果

创建 img 目录存放测试结果，运行测试文件 detect.py 程序，并查看结果，如图 5.20 所示。

```
$ mkdir img
$ python detect.py
```

图 5.20　模型测试

【任务小结】

为了将训练好的模型部署到目标平台，我们通常先将模型导出为标准格式的文件，再在目标平台上使用对应的工具来完成应用的部署。本任务我们将可用性较强的模型导出为冻结图模型，下一步把这个模型部署到边缘计算设备上。

任务 7　行人检测模型部署

【任务目标】

将经过测试确认可用的模型，转换成为标准格式的模型文件，部署到边缘计算设备上。

【任务操作】

步骤 1　创建 tflite 模型图文件

在开发环境中打开/home/student/projects/unit4/目录，创建导出程序 export_pb.py。
（1）导入模型转换模块，定义输入参数。

```
import os
import tensorflow as tf
from google.protobuf import text_format
from object_detection import export_tflite_ssd_graph_lib
from object_detection.protos import pipeline_pb2

os.environ["TF_CPP_MIN_LOG_LEVEL"] = '3'
tf.compat.v1.logging.set_verbosity(tf.compat.v1.logging.ERROR)
flags = tf.app.flags
flags.DEFINE_string('output_directory', None,'Path to write outputs.')
flags.DEFINE_string('pipeline_config_path', None,'')
flags.DEFINE_string('trained_checkpoint_prefix', None,'Checkpoint prefix.')
flags.DEFINE_integer('max_detections', 10,'')
flags.DEFINE_integer('max_classes_per_detection', 1,'')
flags.DEFINE_integer('detections_per_class', 100,'')
flags.DEFINE_bool('add_postprocessing_op', True,'')
flags.DEFINE_bool('use_regular_nms', False,'')
flags.DEFINE_string('config_override', '', '')
FLAGS = flags.FLAGS
```

（2）调用模型转换函数，完成模型转换。

```
def main(argv):
  flags.mark_flag_as_required('output_directory')
  flags.mark_flag_as_required('pipeline_config_path')
  flags.mark_flag_as_required('trained_checkpoint_prefix')

  pipeline_config = pipeline_pb2.TrainEvalPipelineConfig()

  with tf.gfile.GFile(FLAGS.pipeline_config_path,'r')as f:
  text_format.Merge(f.read(),pipeline_config)
  text_format.Merge(FLAGS.config_override,pipeline_config)
  export_tflite_ssd_graph_lib.export_tflite_graph(
     pipeline_config,FLAGS.trained_checkpoint_prefix,FLAGS.output_directory,
     FLAGS.add_postprocessing_op,FLAGS.max_detections,
     FLAGS.max_classes_per_detection,FLAGS.use_regular_nms)
  print("模型转换完成!")
```

导出程序 export_pb.py 文件完整内容如下：

```
# export_pb.py
import os
import tensorflow as tf
```

```python
from google.protobuf import text_format
from object_detection import export_tflite_ssd_graph_lib
from object_detection.protos import pipeline_pb2

os.environ["TF_CPP_MIN_LOG_LEVEL"] = '3'
tf.compat.v1.logging.set_verbosity(tf.compat.v1.logging.ERROR)
flags = tf.app.flags
flags.DEFINE_string('output_directory', None,'Path to write outputs.')
flags.DEFINE_string('pipeline_config_path', None,'')
flags.DEFINE_string('trained_checkpoint_prefix', None,'Checkpoint prefix.')
flags.DEFINE_integer('max_detections', 10,'')
flags.DEFINE_integer('max_classes_per_detection', 1,'')
flags.DEFINE_integer('detections_per_class', 100,'')
flags.DEFINE_bool('add_postprocessing_op', True,'')
flags.DEFINE_bool('use_regular_nms', False,'')
flags.DEFINE_string('config_override', '', '')
FLAGS = flags.FLAGS


def main(argv):
  flags.mark_flag_as_required('output_directory')
  flags.mark_flag_as_required('pipeline_config_path')
  flags.mark_flag_as_required('trained_checkpoint_prefix')

  pipeline_config = pipeline_pb2.TrainEvalPipelineConfig()

  with tf.gfile.GFile(FLAGS.pipeline_config_path,'r')as f:
   text_format.Merge(f.read(),pipeline_config)
  text_format.Merge(FLAGS.config_override,pipeline_config)
  export_tflite_ssd_graph_lib.export_tflite_graph(
     pipeline_config,FLAGS.trained_checkpoint_prefix,FLAGS.output_directory,
     FLAGS.add_postprocessing_op,FLAGS.max_detections,
     FLAGS.max_classes_per_detection,FLAGS.use_regular_nms)
  print("模型转换完成!")


if __name__ == '__main__':
  tf.app.run(main)
```

步骤 2 导出 pb 文件

运行导出程序 export_pb.py，读取配置文件 person.config 中定义的参数，读取 checkpoint 目录中的训练结果，把 tflite_pb 模型图保存到 tflite_models 目录中。

```
$ conda activate unit4
$ python export_pb.py --pipeline_config_path data/person.config --trained_checkpoint_prefix checkpoint/model.ckpt-2000 --output_directory tflite_models
```

步骤 3 创建转换程序

在开发环境中打开/home/student/projects/unit4/目录，创建文件 pb_to_tflite.py。
（1）导入模块，定义输入参数。

```
import os
import tensorflow as tf

os.environ["TF_CPP_MIN_LOG_LEVEL"] = '3'
tf.compat.v1.logging.set_verbosity(tf.compat.v1.logging.ERROR)
flags = tf.app.flags
flags.DEFINE_string('pb_path', 'tflite_models/tflite_graph.pb', 'tflite pb file.')
flags.DEFINE_string('tflite_path', 'tflite_models/zy_ssd.tflite', 'output tflite.')
FLAGS = flags.FLAGS
```

（2）转换为 tflite 模型。

```
def convert_pb_to_tflite(pb_path,tflite_path):
    # 模型输入节点
    input_tensor_name = ["normalized_input_image_tensor"]
    input_tensor_shape = {"normalized_input_image_tensor": [1,300,300,3]}
    # 模型输出节点
    classes_tensor_name = ['TFLite_Detection_PostProcess', 'TFLite_Detection_PostProcess:1',
                'TFLite_Detection_PostProcess:2', 'TFLite_Detection_PostProcess:3']
    # 转换为 tflite 模型
    converter = tf.lite.TFLiteConverter.from_frozen_graph(pb_path,
                                    input_tensor_name,
                                    classes_tensor_name,
                                    input_tensor_shape)

    converter.allow_custom_ops = True
    converter.optimizations = [tf.lite.Optimize.DEFAULT]
    tflite_model = converter.convert()
```

（3）tflite 模型写入。

```
    converter.allow_custom_ops = True
```

```
    converter.optimizations = [tf.lite.Optimize.DEFAULT]
    tflite_model = converter.convert()
    # 模型写入
    if not tf.gfile.Exists(os.path.dirname(tflite_path)):
        tf.gfile.MakeDirs(os.path.dirname(tflite_path))
    with open(tflite_path,"wb")as f:
        f.write(tflite_model)
    print("Save tflite model at %s" % tflite_path)
    print("模型转换完成!")


if __name__ == '__main__':
    convert_pb_to_tflite(FLAGS.pb_path,FLAGS.tflite_path)
```

转换程序 pb_to_tflite.py 文件完整内容如下：

```
# pb_to_tflite.py
import os
import tensorflow as tf


os.environ["TF_CPP_MIN_LOG_LEVEL"] = '3'
tf.compat.v1.logging.set_verbosity(tf.compat.v1.logging.ERROR)
flags = tf.app.flags
flags.DEFINE_string('pb_path', 'tflite_models/tflite_graph.pb', 'tflite pb file.')
flags.DEFINE_string('tflite_path', 'tflite_models/zy_ssd.tflite', 'output tflite.')
FLAGS = flags.FLAGS


def convert_pb_to_tflite(pb_path,tflite_path):
    # 模型输入节点
    input_tensor_name = ["normalized_input_image_tensor"]
    input_tensor_shape = {"normalized_input_image_tensor": [1,300,300,3]}
    # 模型输出节点
    classes_tensor_name =['TFLite_Detection_PostProcess', 'TFLite_Detection_PostProcess:1',
                'TFLite_Detection_PostProcess:2', 'TFLite_Detection_PostProcess:3']
    # 转换为 tflite 模型
    converter = tf.lite.TFLiteConverter.from_frozen_graph(pb_path,
                                    input_tensor_name,
                                    classes_tensor_name,
                                    input_tensor_shape)


    converter.allow_custom_ops = True
    converter.optimizations = [tf.lite.Optimize.DEFAULT]
```

```
tflite_model = converter.convert()
# 模型写入
if not tf.gfile.Exists(os.path.dirname(tflite_path)):
    tf.gfile.MakeDirs(os.path.dirname(tflite_path))
with open(tflite_path,"wb")as f:
    f.write(tflite_model)
print("Save tflite model at %s" % tflite_path)
print("模型转换完成!")


if __name__ == '__main__':
    convert_pb_to_tflite(FLAGS.pb_path,FLAGS.tflite_path)
```

步骤 4　转换 tflite 文件

运行文件 pb_to_tflite.py 程序。

```
$ python pb_to_tflite.py
```

步骤 5　创建推理执行程序

在开发环境中打开/home/student/projects/unit4/tflite_models 目录，创建推理执行程序 func_detection_img.py。

（1）导入所用模块。

```
import os
import cv2
import numpy as np
import sys
import glob
import importlib.util
import base64
```

（2）定义模型和数据推理器。

```
def update_image(image_data,GRAPH_NAME='zy_ssd.tflite', min_conf_threshold=0.5,
            use_TPU=False,model_dir='util'):
    from tflite_runtime.interpreter import Interpreter
    CWD_PATH = os.getcwd()
    PATH_TO_CKPT = os.path.join(CWD_PATH,model_dir,GRAPH_NAME)

    labels = ['cat', 'dog']

    interpreter = Interpreter(model_path=PATH_TO_CKPT)

    interpreter.allocate_tensors()
```

```python
input_details = interpreter.get_input_details()
output_details = interpreter.get_output_details()
height = input_details[0]['shape'][1]
width = input_details[0]['shape'][2]

floating_model =(input_details[0]['dtype'] == np.float32)

input_mean = 127.5
input_std = 127.5
```

（3）输入图像并转换图像数据为张量。

```python
# base64 解码
img_data = base64.b64decode(image_data)
# 转换为 np 数组
img_array = np.fromstring(img_data,np.uint8)
# 转换成 opencv 可用格式
image = cv2.imdecode(img_array,cv2.COLOR_RGB2BGR)

image_rgb = cv2.cvtColor(image,cv2.COLOR_BGR2RGB)
imH,imW,_ = image.shape
image_resized = cv2.resize(image_rgb,(width,height))
input_data = np.expand_dims(image_resized,axis=0)

if floating_model:
    input_data =(np.float32(input_data) - input_mean)/ input_std

interpreter.set_tensor(input_details[0]['index'],input_data)
interpreter.invoke()

boxes = interpreter.get_tensor(output_details[0]['index'])[0]
classes = interpreter.get_tensor(output_details[1]['index'])[0]
scores = interpreter.get_tensor(output_details[2]['index'])[0]
```

（4）检测图片，并可视化输出结果。

```python
for i in range(len(scores)):
    if((scores[i] > min_conf_threshold) and (scores[i] <= 1.0)):
        ymin = int(max(1,(boxes[i][0] * imH)))
        xmin = int(max(1,(boxes[i][1] * imW)))
        ymax = int(min(imH,(boxes[i][2] * imH)))
        xmax = int(min(imW,(boxes[i][3] * imW)))

        cv2.rectangle(image,(xmin,ymin),(xmax,ymax),(10,255,0),2)
```

```python
        object_name = labels[int(classes[i])]
        label = '%s:%d%%' %(object_name,int(scores[i] * 100))
        labelSize,baseLine = cv2.getTextSize(label,cv2.FONT_HERSHEY_SIMPLEX,0.7,2)

        label_ymin = max(ymin,labelSize[1] + 10)
        cv2.rectangle(image,(xmin,label_ymin - labelSize[1] - 10),
                (xmin + labelSize[0],label_ymin + baseLine - 10),(255,255,255),
                cv2.FILLED)
        cv2.putText(image,label,(xmin,label_ymin - 7),cv2.FONT_HERSHEY_SIMPLEX,
0.7,(0,0,0),2)

    image_bytes = cv2.imencode('.jpg', image)[1].tostring()
    image_base64 = base64.b64encode(image_bytes).decode()
    return image_base64
```

推理执行程序 func_detection_img.py 文件完整内容如下：

```python
#func_detection_img.py
import os
import cv2
import numpy as np
import sys
import glob
import importlib.util
import base64

def update_image(image_data,GRAPH_NAME='zy_ssd.tflite', min_conf_threshold=0.5,
        use_TPU=False,model_dir='util'):
    from tflite_runtime.interpreter import Interpreter
    CWD_PATH = os.getcwd()
    PATH_TO_CKPT = os.path.join(CWD_PATH,model_dir,GRAPH_NAME)

    labels = ['person']

    interpreter = Interpreter(model_path=PATH_TO_CKPT)

    interpreter.allocate_tensors()

    input_details = interpreter.get_input_details()
    output_details = interpreter.get_output_details()
    height = input_details[0]['shape'][1]
    width = input_details[0]['shape'][2]
```

```python
floating_model =(input_details[0]['dtype'] == np.float32)

input_mean = 127.5
input_std = 127.5

# base64 解码
img_data = base64.b64decode(image_data)
# 转换为 np 数组
img_array = np.fromstring(img_data,np.uint8)
# 转换成 opencv 可用格式
image = cv2.imdecode(img_array,cv2.COLOR_RGB2BGR)

image_rgb = cv2.cvtColor(image,cv2.COLOR_BGR2RGB)
imH,imW,_ = image.shape
image_resized = cv2.resize(image_rgb,(width,height))
input_data = np.expand_dims(image_resized,axis=0)

if floating_model:
    input_data =(np.float32(input_data) - input_mean)/ input_std

interpreter.set_tensor(input_details[0]['index'],input_data)
interpreter.invoke()

boxes = interpreter.get_tensor(output_details[0]['index'])[0]
classes = interpreter.get_tensor(output_details[1]['index'])[0]
scores = interpreter.get_tensor(output_details[2]['index'])[0]

for i in range(len(scores)):
    if((scores[i] > min_conf_threshold) and (scores[i] <= 1.0)):
        ymin = int(max(1,(boxes[i][0] * imH)))
        xmin = int(max(1,(boxes[i][1] * imW)))
        ymax = int(min(imH,(boxes[i][2] * imH)))
        xmax = int(min(imW,(boxes[i][3] * imW)))

        cv2.rectangle(image,(xmin,ymin),(xmax,ymax),(10,255,0),2)

        object_name = labels[int(classes[i])]
        label = '%s:%d%%' %(object_name,int(scores[i] * 100))
        labelSize,baseLine = cv2.getTextSize(label,cv2.FONT_HERSHEY_SIMPLEX,0.7,2)
        label_ymin = max(ymin,labelSize[1] + 10)
        cv2.rectangle(image,(xmin,label_ymin - labelSize[1] - 10),
```

```
                        (xmin + labelSize[0],label_ymin + baseLine - 10),(255,255,255),
                     cv2.FILLED)
          cv2.putText(image,label,(xmin,label_ymin - 7),cv2.FONT_HERSHEY_SIMPLEX,0.7,(0,0,0),
             2)

      image_bytes = cv2.imencode('.jpg', image)[1].tostring()
      image_base64 = base64.b64encode(image_bytes).decode()
      return image_base64
```

步骤6 部署到边缘设备

将模型 zy_ssd.tflite 文件、推理执行程序 func_detection_img.py 文件拷贝到边缘计算设备中。注意：需要把 IP 地址换成对应的推理机地址。

```
$ scp tflite_models/zy_ssd.tflite student@172.16.33.118:/home/student/zy-panel-check/util/
$ scp tflite_models/func_detection_img.py student@172.16.33.118:/home/student/zy-panel-
check/util/
```

【任务小结】

训练好的模型需要通过格式转换才能部署到目标平台中，通过 pb_to_tflite.py 程序把导出的 pb 模型转换为 tflite 格式，部署到边缘计算设备上。

通过平台上的"模型验证"上传或输入图片 URL 进行检测，结果如图 5.21 所示。

图 5.21 模型部署

训练好的模型需要通过格式转换才能部署到移动设备中，通过 pb_to_tflite.py 文件把之前导出的模型转换为 tflite 格式才能完成在边缘推理设备中的运行。

【项目小结】

通过亲自动手完成数据标注、数据训练、模型导出等任务，你实现了一个以人为目标的机器识别模型，并部署到边缘计算设备上。同时，通过学习，你也了解到做自动驾驶是一段很崎岖的旅程，不断地解决问题之后又会出现新的问题，不过正是因为过程的艰难，才带来了更多的快乐。祝贺你，已经做好步入新的工作岗位的心理准备。

多学一点：视觉传感器是汽车自动驾驶领域常用的一种传感器，与其他传感器相比，具有检测信息量大、性价比高等优点。一般的检测步骤包括图像获取、预处理、目标分类、目标定位跟踪等。为了实现真正意义上的行人检测，还需要在本身运动的情况下，获知前方或者侧前方的行人信息，包括行走趋势分析的结果信息，如行走速度、横穿加速度、纵行加速度、与本车距离等，因此必须怀着一颗敬畏的心，从事这项有意义的工作。祝愿你在未来的学习中掌握更多的技能，在实际工作中灵活运用，成为一名优秀的工程师。

项 目 6 智慧社区交通工具检测

项目背景

电子信息专业的你毕业后进入了一家小有名气的系统集成公司，公司承接了多个智慧社区建设项目，有很多样板工程。最近公司承接了一个智慧社区改造项目，该小区建造于 20 世纪 80 年代，是一个典型的老小区，基础设施相对落后，流动人口多，管理难度很大，其中停车难、乱停车问题尤为明显。小区居民表示，近年随着车辆的增加，小区车位早已不能满足居民停车需求。小区以及周边车辆乱停乱放、损毁公共设施、占用消防通道的现象日益严重。针对这个突出问题，公司提供的解决方案是：梳理停车需求，建立智慧停车系统，利用周边闲置空地增加车位，重新划定小区消防通道……其中有一个需求是针对车辆"车不入位"和"违章停车"等情况，系统会自动将相应情况即时发送到停车管理员手持终端。针对这个需求，项目经理分配给你的任务是：根据拿到的数据和预训练模型，生成一个准确率较高的图像识别模型，实现交通工具的自动识别。然后由另一组同事负责判断是否属于"车不入位"和"违章停车"情况，并发送报警信息。

提示：交通工具的识别对于计算机视觉来说，是典型的任务之一，项目经理已经提供数百张照片和一组预训练模型。经过分析，梳理出来的需求是通过图片识别公共汽车、小汽车、自行车、摩托车等 4 种交通工具，因此需要建立 4 个类别。通过数据标注、模型训练、模型导出等工作实现自动识别。

能力目标

（1）技术应用能力：通过智慧社区交通工具检测项目的实践，能够将人工智能技术、图像处理技术和算法技术等应用于实际问题的解决中。同时，通过不断尝试新的方法和技术，提高自身的技术应用能力。

（2）社会责任感：认识科学技术对于社会发展的贡献，并激发社会责任感。同时，了解社会责任和公共利益的重要性，以培养自身的社会责任感。

（3）安全意识和责任心：保障数据安全和隐私保护。强调安全意识的重要性，了解和掌握基本的安全知识和方法。培养责任意识，确保项目的质量和效果。

任务 1　数据准备

【任务目标】

准备一定数量的交通工具图片数据，分别保存在训练、验证、测试等不同的目录中。

【任务操作】

步骤 1　数据采集

感谢项目经理和团队的其他同事，已经准备好相关图片数据。

步骤 2　数据整理

（1）将数据下载到工作目录，解压缩。

（2）在终端命令行窗口中执行以下操作。注意：第二行命令需要把地址换成对应的资源平台地址。

```
$ cd ~/data
$ wget http://172.16.33.72/dataset/vehicle.tar.gz
$ tar zxvf vehicle.tar.gz
```

【任务小结】

数据采集途径主要有两种：一是使用资源平台下载数据团队整理好的图片数据；二是使用自己工作中的照片或图片来制作数据集。

本任务我们获得了项目团队提供的交通工具图片数据，并成功把原始数据导入到操作平台中为下面的数据标注工作做好了基础准备。

在终端命令行窗口中执行以下操作，查看输出结果，如图 6.1 所示。

```
$ cd ~/data/vehicle
$ ls
```

student@xt2k:~/data$ cd vehicle/
student@xt2k:~/data/vehicle$ ls
README.md test train val
student@xt2k:~/data/vehicle$

图 6.1　查看交通工具图像数据

任务 2　工程环境准备

【任务目标】

如果要对数据进行标注，模型进行训练、评估和部署，必须先准备对应的工程环境。

【任务操作】

步骤 1　创建工程目录

在开发环境中打开，并为本项目创建工程目录，在终端命令行窗口中执行以下操作。

```
$ mkdir ~/projects/unit5
$ mkdir ~/projects/unit5/data
$ cd ~/projects/unit5
```

步骤 2　创建开发环境

创建名为 unit5 的虚拟环境，使用 Python3.6 版本。

```
$ conda create -n unit5 python=3.6
```

输入"y"继续完成操作，然后执行以下操作激活开发环境。

```
$ conda activate unit5
```

步骤 3　配置 GPU 环境

安装 tensorflow-gpu1.15 环境。

```
$ conda install tensorflow-gpu=1.15
```

输入"y"继续完成操作，如图 6.2 所示。

图 6.2　创建并安装环境

步骤 4　配置依赖环境

在开发环境中打开/home/student/projects/unit5 目录，创建依赖清单文件 requirements.txt。
将以下内容写到 requirements.txt 清单文件中，然后执行命令安装依赖库环境，如图 6.3
所示。

```
# requirements.txt
Cython
contextlib2
```

```
matplotlib
pillow
lxml
jupyter
pycocotools
click
PyYAML
joblib
autopep8
$ conda activate unit5
$ pip install -r requirements.txt
```

图 6.3　安装所需包

步骤 5　配置图像识别库环境

（1）安装中育 object_detection 库和中育 slim 库。

（2）在终端命令行窗口中执行以下操作，完成后删除安装程序。注意：第一行和第三行命令需要把地址换成对应的资源平台地址。

```
$ wget http://172.16.33.72/dataset/dist/zy_od_1.0.tar.gz
$ pip install zy_od_1.0.tar.gz
$ wget http://172.16.33.72/dataset/dist/zy_slim_1.0.tar.gz
$ pip install zy_slim_1.0.tar.gz
$ rm zy_od_1.0.tar.gz zy_slim_1.0.tar.gz
```

步骤 6　验证环境

在终端命令行窗口中执行以下操作，如图 6.4 所示。注意：需要把地址换成对应的资源平台地址。

```
$ wget http://172.16.33.72/dataset/script/env_test.py
$ python env_test.py
```

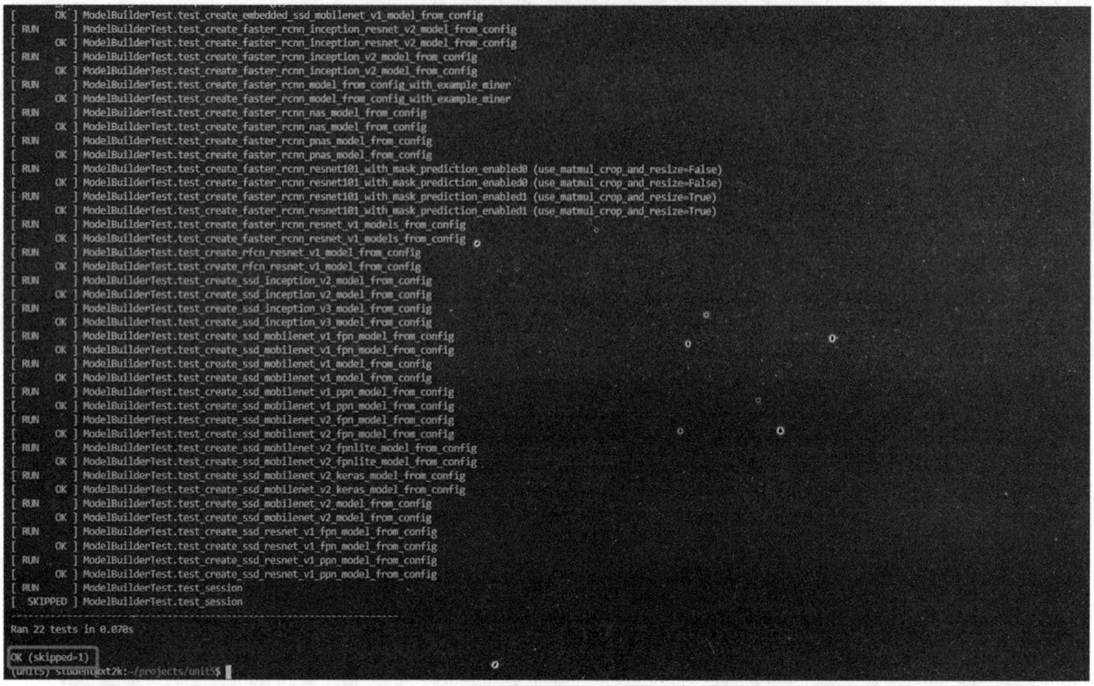

图 6.4　验证环境

【任务小结】

中育 object_detection 库和中育 slim 库为目标检测模型库，通过这两个库，程序可以生成基础的目标检测模型。

本任务我们完成了人工智能基础开发环境的安装和中育目标检测模型库的安装与测试。目前已经完成项目工程环境的安装配置，具备了数据标注、模型训练、评估和部署的基础条件。

任务 3　交通工具图片数据标注

【任务目标】

使用图片标注工具完成数据标注，导出为数据集文件，并保存标签映射文件。

【任务操作】

步骤 1　添加标注标签

（1）创建名称为"智慧社区交通工具检测"的标注项目。

（2）添加4类标签，分别为bus、bicycle、motorcycle、car，如图6.5所示。注意设置为不同的颜色标签以示区分。

图 6.5　创建新项目

步骤2　创建训练集任务

（1）任务名称为"智慧社区交通工具检测训练集"。

（2）任务子集选择 Train。

（3）选择文件使用"连接共享文件"，选中任务1中整理的 train 子目录，如图6.6所示。

图 6.6　创建数据集任务

步骤3　标注训练集数据

打开"智慧社区交通工具检测训练集"，点击左下方的"作业"进入，如图6.7所示。

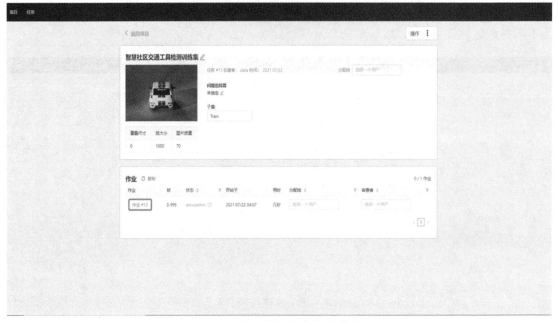

图 6.7　打开作业任务标注数据

（2）使用加锁，可以避免对已标注对象的误操作，如图 6.8 所示。

（3）将一张图片中的对象标注完成后，点击上方"下一帧"。

图 6.8　标注数据

（4）继续标注，直至整个数据集完成标注。

步骤 4　导出标注训练集

（1）选择"菜单"→"导出为数据集"→"导出为 TFRecord 1.0"，如图 6.9 所示。

图 6.9　导出数据集

（2）标注完成的数据导出后是一个压缩包 zip 文件，保存在浏览器默认的下载路径中。

（3）将这个文件解压缩，并把 default.tfrecord 重命名为 train.tfrecord。

步骤 5　创建验证集任务

（1）任务名称为"智慧社区交通工具检测验证集"。

（2）任务子集选择 Validation。

（3）选择文件使用"连接共享文件"，选中任务 1 中整理的 val 子目录，如图 6.10 所示。

图 6.10　创建验证集任务

步骤 6　标注验证集数据

（1）打开"智慧社区交通工具检测验证集"，点击左下方的"作业"进入，如图 6.11 所示。

图 6.11　标注验证集数据

（2）将一张图片中的对象标注完成后，点击上方"下一帧"。

（3）继续标注，直至整个数据集完成标注。

步骤 7　导出标注验证集

（1）选择"菜单"→"导出为数据集"→"导出为 TFRecord 1.0"。

（2）标注完成的数据集导出后是一个压缩文件，保存在浏览器默认的下载路径中。

（3）将这个文件解压缩后会得到 default.tfrecord 和 label_map.pbtxt 文件，把 default.tfrecord 重命名为 val.tfrecord。

（4）找到之前保存好的 train.tfrecord 文件，并把 val.tfrecord、train.tfrecord、label_map.pbtxt 三个文件存放到一起备用。

步骤 8　上传文件

打开系统提供的 winSCP 工具，找到之前准备好的 val.tfrecord、train.tfrecord、label_map.pbtxt 文件，把这三个文件一同上传到训练服务器中的 home/student/projects/unit5/data 目录下，如图 6.12 所示。

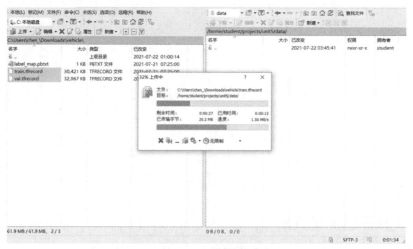

图 6.12　上传文件

【任务小结】

本任务我们使用图像标注工具对之前导入操作平台中的图片数据进行标注，并从图像标注工具导出了 label_map.pbtxt 标签映射文件，以及 train.tfrecord、val.tfrecord 两个数据集文件，如图 6.13 所示。下面我们将利用这三个文件来训练我们自己的交通工具检测模型算法。

图 6.13　查看数据集文件

任务 4　交通工具检测模型训练

【任务目标】

搭建训练模型、配置预训练模型参数，对已标注的数据集进行训练，得到训练模型。

【任务操作】

步骤 1　搭建模型

在开发环境中打开，并准备预训练模型相关目录。

```
$ cd ~/projects/unit5
$ mkdir pretrain_models
$ cd pretrain_models
```

下载算法团队提供的预训练模型，并解压缩。注意：需要把地址换成对应的资源平台地址。

```
$ wget http://172.16.33.72/dataset/dist/zy_ptm_u5.tar.gz
$ tar zxvf zy_ptm_u5.tar.gz
$ rm zy_ptm_u5.tar.gz
```

步骤 2　配置训练模型

在开发环境中打开/home/student/projects/unit5/data 目录，创建模型配置文件 vehicle.config。

（1）主干网络配置。主干网络是整个模型训练的基础，标记了当前模型识别的物体类别等重要信息。本项目交通工具识别为 4 类，因此 num_classes 为 4。

```
num_classes:4
box_coder {
 faster_rcnn_box_coder {
  y_scale:10.0
```

```
    x_scale:10.0
    height_scale:5.0
    width_scale:5.0
   }
  }
  matcher {
   argmax_matcher {
    matched_threshold:0.5
    unmatched_threshold:0.5
    ignore_thresholds:false
    negatives_lower_than_unmatched:true
    force_match_for_each_row:true
   }
  }
  similarity_calculator {
   iou_similarity {
   }
  }
```

（2）先验框配置和图片分辨率配置。image_resizer 表示模型输入图片分辨率，在本例中为标准的 300×300，因此 height 为 300，width 为 300。

```
  anchor_generator {
   ssd_anchor_generator {
    num_layers:6
    min_scale:0.2
    max_scale:0.95
    aspect_ratios:1.0
    aspect_ratios:2.0
    aspect_ratios:0.5
    aspect_ratios:3.0
    aspect_ratios:0.3333
   }
  }
  image_resizer {
   fixed_shape_resizer {
    height:300
    width:300
   }
  }
```

（3）边界预测框配置。

```
box_predictor {
    convolutional_box_predictor {
      min_depth:0
      max_depth:0
      num_layers_before_predictor:0
      use_dropout:false
      dropout_keep_probability:0.8
      kernel_size:1
      box_code_size:4
      apply_sigmoid_to_scores:false
      conv_hyperparams {
       activation:RELU_6,
       regularizer {
        l2_regularizer {
          weight:0.00004
        }
       }
       initializer {
        truncated_normal_initializer {
          stddev:0.03
          mean:0.0
        }
       }
       batch_norm {
        train:true,
        scale:true,
        center:true,
        decay:0.9997,
        epsilon:0.001,
       }
      }
    }
}
```

（4）特征提取网络配置。

```
  feature_extractor {
    type:'ssd_mobilenet_v2'
    min_depth:16
    depth_multiplier:1.0
```

```
conv_hyperparams {
  activation:RELU_6,
  regularizer {
    l2_regularizer {
      weight:0.00004
    }
  }
  initializer {
    truncated_normal_initializer {
      stddev:0.03
      mean:0.0
    }
  }
  batch_norm {
    train:true,
    scale:true,
    center:true,
    decay:0.9997,
    epsilon:0.001,
  }
}
}
```

（5）模型损失函数配置。

```
loss {
  classification_loss {
    weighted_sigmoid {
    }
  }
  localization_loss {
    weighted_smooth_l1 {
    }
  }
  hard_example_miner {
    num_hard_examples:3000
    iou_threshold:0.99
    loss_type:CLASSIFICATION
    max_negatives_per_positive:3
    min_negatives_per_image:3
  }
```

```
        classification_weight:1.0
        localization_weight:1.0
      }
    normalize_loss_by_num_matches:true
    post_processing {
      batch_non_max_suppression {
        score_threshold:1e-8
        iou_threshold:0.6
        max_detections_per_class:100
        max_total_detections:100
      }
      score_converter:SIGMOID
    }
  }
}
```

（6）训练集数据配置。batch_size 代表批处理每次迭代的数据量，initial_learning_rate 代表初始学习率，fine_tune_checkpoint 指向预训练模型文件，input_path 指向训练集的 tfrecord 文件，label_map_path 指向标签映射文件。

```
train_config:{
  batch_size:12
  optimizer {
    rms_prop_optimizer:{
      learning_rate:{
        exponential_decay_learning_rate {
          initial_learning_rate:0.004
          decay_steps:1000
          decay_factor:0.95
        }
      }
      momentum_optimizer_value:0.9
      decay:0.9
      epsilon:1.0
    }
  }
  fine_tune_checkpoint:"pretrain_models/zy_ptm_u5/model.ckpt"
  fine_tune_checkpoint_type: "detection"
  num_steps:2000
  data_augmentation_options {
    random_horizontal_flip {
```

```
    }
  }
  data_augmentation_options {
    ssd_random_crop {
    }
  }
}

train_input_reader:{
  tf_record_input_reader {
    input_path:"data/train.tfrecord"
  }
  label_map_path:"data/label_map.pbtxt"
}
```

（7）验证集数据配置。num_examples 代表验证集样本数量，input_path 指向验证集的 tfrecord 文件，label_map_path 指向标签映射文件。

```
eval_config:{
  num_examples:50
  max_evals:1
}

eval_input_reader:{
  tf_record_input_reader {
    input_path:"data/val.tfrecord"
  }
  label_map_path:"data/label_map.pbtxt"
  shuffle:false
  num_readers:1
}
```

模型配置文件 vehicle.config 文件完整内容如下：

```
#vehicle.config
model {
  ssd {
    num_classes:4
    box_coder {
      faster_rcnn_box_coder {
        y_scale:10.0
        x_scale:10.0
```

```
    height_scale:5.0
    width_scale:5.0
  }
}
matcher {
  argmax_matcher {
    matched_threshold:0.5
    unmatched_threshold:0.5
    ignore_thresholds:false
    negatives_lower_than_unmatched:true
    force_match_for_each_row:true
  }
}
similarity_calculator {
  iou_similarity {
  }
}
anchor_generator {
  ssd_anchor_generator {
    num_layers:6
    min_scale:0.2
    max_scale:0.95
    aspect_ratios:1.0
    aspect_ratios:2.0
    aspect_ratios:0.5
    aspect_ratios:3.0
    aspect_ratios:0.3333
  }
}
image_resizer {
  fixed_shape_resizer {
    height:300
    width:300
  }
}
box_predictor {
  convolutional_box_predictor {
    min_depth:0
    max_depth:0
```

```
num_layers_before_predictor:0
use_dropout:false
dropout_keep_probability:0.8
kernel_size:1
box_code_size:4
apply_sigmoid_to_scores:false
conv_hyperparams {
  activation:RELU_6,
  regularizer {
   l2_regularizer {
    weight:0.00004
   }
  }
  initializer {
   truncated_normal_initializer {
     stddev:0.03
     mean:0.0
   }
  }
  batch_norm {
    train:true,
    scale:true,
    center:true,
    decay:0.9997,
    epsilon:0.001,
   }
  }
 }
}
feature_extractor {
 type:'ssd_mobilenet_v2'
 min_depth:16
 depth_multiplier:1.0
 conv_hyperparams {
  activation:RELU_6,
  regularizer {
   l2_regularizer {
    weight:0.00004
   }
```

```
      }
    initializer {
      truncated_normal_initializer {
        stddev:0.03
        mean:0.0
      }
    }
    batch_norm {
      train:true,
      scale:true,
      center:true,
      decay:0.9997,
      epsilon:0.001,
    }
  }
}
loss {
  classification_loss {
    weighted_sigmoid {
    }
  }
  localization_loss {
    weighted_smooth_l1 {
    }
  }
  hard_example_miner {
    num_hard_examples:3000
    iou_threshold:0.99
    loss_type:CLASSIFICATION
    max_negatives_per_positive:3
    min_negatives_per_image:3
  }
  classification_weight:1.0
  localization_weight:1.0
}
normalize_loss_by_num_matches:true
post_processing {
  batch_non_max_suppression {
    score_threshold:1e-8
```

```
      iou_threshold:0.6
        max_detections_per_class:100
        max_total_detections:100
      }
      score_converter:SIGMOID
    }
  }
}


train_config:{
  batch_size:12
  optimizer {
    rms_prop_optimizer:{
      learning_rate:{
        exponential_decay_learning_rate {
          initial_learning_rate:0.004
          decay_steps:1000
          decay_factor:0.95
        }
      }
      momentum_optimizer_value:0.9
      decay:0.9
      epsilon:1.0
    }
  }
  fine_tune_checkpoint:"pretrain_models/zy_ptm_u5/model.ckpt"
  fine_tune_checkpoint_type: "detection"
  num_steps:2000
  data_augmentation_options {
    random_horizontal_flip {
    }
  }
  data_augmentation_options {
    ssd_random_crop {
    }
  }
}


train_input_reader:{
```

```
tf_record_input_reader {
  input_path:"data/train.tfrecord"
 }
 label_map_path:"data/label_map.pbtxt"
}

eval_config:{
 num_examples:50
 max_evals:1
}

eval_input_reader:{
 tf_record_input_reader {
  input_path:"data/val.tfrecord"
 }
 label_map_path:"data/label_map.pbtxt"
 shuffle:false
 num_readers:1
}
```

步骤3 创建训练文件

在开发环境中打开/home/student/projects/unit5/目录，创建训练程序 train.py。
（1）导入训练所需模块和函数。

```
import functools
import json
import os
import tensorflow as tf
from object_detection.builders import dataset_builder
from object_detection.builders import graph_rewriter_builder
from object_detection.builders import model_builder
from object_detection.legacy import trainer
from object_detection.utils import config_util
```

（2）定义输入参数。

```
os.environ["TF_CPP_MIN_LOG_LEVEL"] = '3'
tf.logging.set_verbosity(tf.logging.INFO)
flags = tf.app.flags
flags.DEFINE_string('master', '', '')
flags.DEFINE_integer('task', 0,'task id')
flags.DEFINE_integer('num_clones', 1,'')
```

```
flags.DEFINE_boolean('clone_on_cpu', False,")
flags.DEFINE_integer('worker_replicas', 1,")
flags.DEFINE_integer('ps_tasks', 0,")
flags.DEFINE_string('train_dir', '', 'Directory to save the checkpoints and training summaries.')
flags.DEFINE_string('pipeline_config_path', '', 'Path to a pipeline config.')
flags.DEFINE_string('train_config_path', '', 'Path to a train_pb2.TrainConfig.')
flags.DEFINE_string('input_config_path', '', 'Path to an input_reader_pb2.InputReader.')
flags.DEFINE_string('model_config_path', '', 'Path to a model_pb2.DetectionModel.')
FLAGS = flags.FLAGS
```

（3）训练主函数：加载模型配置。

```
@tf.contrib.framework.deprecated(None,'Use object_detection/model_main.py.')
def main(_):
  assert FLAGS.train_dir,'`train_dir` is missing.'
  if FLAGS.task == 0:tf.gfile.MakeDirs(FLAGS.train_dir)
  if FLAGS.pipeline_config_path:
    configs = config_util.get_configs_from_pipeline_file(
      FLAGS.pipeline_config_path)
    if FLAGS.task == 0:
      tf.gfile.Copy(FLAGS.pipeline_config_path,
              os.path.join(FLAGS.train_dir,'pipeline.config'),
              overwrite=True)
  else:
    configs = config_util.get_configs_from_multiple_files(
      model_config_path=FLAGS.model_config_path,
      train_config_path=FLAGS.train_config_path,
      train_input_config_path=FLAGS.input_config_path)
    if FLAGS.task == 0:
      for name,config in [('model.config', FLAGS.model_config_path),
                ('train.config', FLAGS.train_config_path),
                ('input.config', FLAGS.input_config_path)]:
        tf.gfile.Copy(config,os.path.join(FLAGS.train_dir,name),
              overwrite=True)

  model_config = configs['model']
  train_config = configs['train_config']
  input_config = configs['train_input_config']
  model_fn = functools.partial(
    model_builder.build,
    model_config=model_config,
```

```
      is_training=True)
```

（4）训练主函数：设计模型线程和迭代循环。

```
def get_next(config):
  return dataset_builder.make_initializable_iterator(
    dataset_builder.build(config)).get_next()


create_input_dict_fn = functools.partial(get_next,input_config)


env = json.loads(os.environ.get('TF_CONFIG', '{}'))
cluster_data = env.get('cluster', None)
cluster = tf.train.ClusterSpec(cluster_data)if cluster_data else None
task_data = env.get('task', None)or {'type': 'master', 'index': 0}
task_info = type('TaskSpec', (object,),task_data)


ps_tasks = 0
worker_replicas = 1
worker_job_name = 'lonely_worker'
task = 0
is_chief = True
master = ''


if cluster_data and 'worker' in cluster_data:
  worker_replicas = len(cluster_data['worker'])+ 1
if cluster_data and 'ps' in cluster_data:
  ps_tasks = len(cluster_data['ps'])


if worker_replicas > 1 and ps_tasks < 1:
  raise ValueError('At least 1 ps task is needed for distributed training.')


if worker_replicas >= 1 and ps_tasks > 0:
  server = tf.train.Server(tf.train.ClusterSpec(cluster),protocol='grpc',
                job_name=task_info.type,
                task_index=task_info.index)
  if task_info.type == 'ps':
    server.join()
    return
  worker_job_name = '%s/task:%d' %(task_info.type,task_info.index)
  task = task_info.index
  is_chief =(task_info.type == 'master')
```

```
master = server.target
```

（5）训练主函数：记录训练日志，配置训练函数参数。

```
graph_rewriter_fn = None
if 'graph_rewriter_config' in configs:
  graph_rewriter_fn = graph_rewriter_builder.build(
     configs['graph_rewriter_config'],is_training=True)

  trainer.train(
     create_input_dict_fn,
     model_fn,
     train_config,
     master,
     task,
     FLAGS.num_clones,
     worker_replicas,
     FLAGS.clone_on_cpu,
     ps_tasks,
     worker_job_name,
     is_chief,
     FLAGS.train_dir,
     graph_hook_fn=graph_rewriter_fn)
  print("模型训练完成!")
```

训练程序 train.py 文件完整内容如下：

```
# train.py
import functools
import json
import os
import tensorflow as tf
from object_detection.builders import dataset_builder
from object_detection.builders import graph_rewriter_builder
from object_detection.builders import model_builder
from object_detection.legacy import trainer
from object_detection.utils import config_util

os.environ["TF_CPP_MIN_LOG_LEVEL"] = '3'
tf.logging.set_verbosity(tf.logging.INFO)

flags = tf.app.flags
flags.DEFINE_string('master', '', '')
```

```
flags.DEFINE_integer('task', 0,'task id')
flags.DEFINE_integer('num_clones', 1,'')
flags.DEFINE_boolean('clone_on_cpu', False,'')
flags.DEFINE_integer('worker_replicas', 1,'')
flags.DEFINE_integer('ps_tasks', 0,'')
flags.DEFINE_string('train_dir', '', 'Directory to save the checkpoints and training summaries.')
flags.DEFINE_string('pipeline_config_path', '', 'Path to a pipeline config.')
flags.DEFINE_string('train_config_path', '', 'Path to a train_pb2.TrainConfig.')
flags.DEFINE_string('input_config_path', '', 'Path to an input_reader_pb2.InputReader.')
flags.DEFINE_string('model_config_path', '', 'Path to a model_pb2.DetectionModel.')
FLAGS = flags.FLAGS


@tf.contrib.framework.deprecated(None,'Use object_detection/model_main.py.')
def main(_):
  assert FLAGS.train_dir,'`train_dir` is missing.'
  if FLAGS.task == 0:tf.gfile.MakeDirs(FLAGS.train_dir)
  if FLAGS.pipeline_config_path:
    configs = config_util.get_configs_from_pipeline_file(
      FLAGS.pipeline_config_path)
    if FLAGS.task == 0:
      tf.gfile.Copy(FLAGS.pipeline_config_path,
              os.path.join(FLAGS.train_dir,'pipeline.config'),
              overwrite=True)
  else:
    configs = config_util.get_configs_from_multiple_files(
        model_config_path=FLAGS.model_config_path,
        train_config_path=FLAGS.train_config_path,
        train_input_config_path=FLAGS.input_config_path)
    if FLAGS.task == 0:
      for name,config in [('model.config', FLAGS.model_config_path),
                  ('train.config', FLAGS.train_config_path),
                  ('input.config', FLAGS.input_config_path)]:
        tf.gfile.Copy(config,os.path.join(FLAGS.train_dir,name),
              overwrite=True)

  model_config = configs['model']
  train_config = configs['train_config']
  input_config = configs['train_input_config']
```

```python
model_fn = functools.partial(
    model_builder.build,
    model_config=model_config,
    is_training=True)


def get_next(config):
    return dataset_builder.make_initializable_iterator(
        dataset_builder.build(config)).get_next()


create_input_dict_fn = functools.partial(get_next,input_config)


env = json.loads(os.environ.get('TF_CONFIG', '{}'))
cluster_data = env.get('cluster', None)
cluster = tf.train.ClusterSpec(cluster_data)if cluster_data else None
task_data = env.get('task', None)or {'type': 'master', 'index': 0}
task_info = type('TaskSpec', (object,),task_data)


ps_tasks = 0
worker_replicas = 1
worker_job_name = 'lonely_worker'
task = 0
is_chief = True
master = ''


if cluster_data and 'worker' in cluster_data:
    worker_replicas = len(cluster_data['worker'])+ 1
if cluster_data and 'ps' in cluster_data:
    ps_tasks = len(cluster_data['ps'])


if worker_replicas > 1 and ps_tasks < 1:
    raise ValueError('At least 1 ps task is needed for distributed training.')


if worker_replicas >= 1 and ps_tasks > 0:
    server = tf.train.Server(tf.train.ClusterSpec(cluster),protocol='grpc',
                             job_name=task_info.type,
                             task_index=task_info.index)
```

```python
    if task_info.type == 'ps':
        server.join()
        return

    worker_job_name = '%s/task:%d' %(task_info.type,task_info.index)
    task = task_info.index
    is_chief =(task_info.type == 'master')
    master = server.target


graph_rewriter_fn = None
if 'graph_rewriter_config' in configs:
    graph_rewriter_fn = graph_rewriter_builder.build(
        configs['graph_rewriter_config'],is_training=True)


trainer.train(
        create_input_dict_fn,
        model_fn,
        train_config,
        master,
        task,
        FLAGS.num_clones,
        worker_replicas,
        FLAGS.clone_on_cpu,
        ps_tasks,
        worker_job_name,
        is_chief,
        FLAGS.train_dir,
        graph_hook_fn=graph_rewriter_fn)
    print("模型训练完成!")
if __name__ == '__main__':
    tf.app.run()
```

步骤 4　训练模型

运行训练 train.py 程序，读取配置文件 vehicle.config 中定义的训练模型、训练参数、数据集，把训练日志和检查点保存到 checkpoint 目录中，如图 6.14 所示。

```
$ conda activate unit5
$ python train.py --logtostderr --train_dir checkpoint --pipeline_config_path data/vehicle.config
```

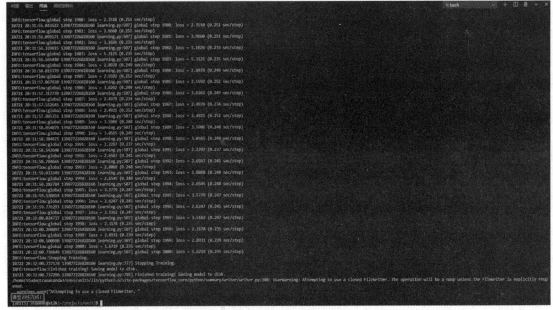

图 6.14　训练模型

步骤 5　可视化训练过程

在训练过程中打开 TensorBoard 可以查看训练日志，如图 6.15 所示。训练日志中记录了模型分类损失、回归损失和总损失量的变化，通过 Losses 选项中的图表可以看到训练过程中的损失在不断变化，越到后面损失越小，说明模型对训练数据的拟合度越来越高。注意：需要把地址换成对应的数据处理服务器地址，然后在浏览器中输入对应地址和端口号进行查看。

```
$ tensorboard --host 172.16.33.11 --port 8889 --logdir checkpoint/
```

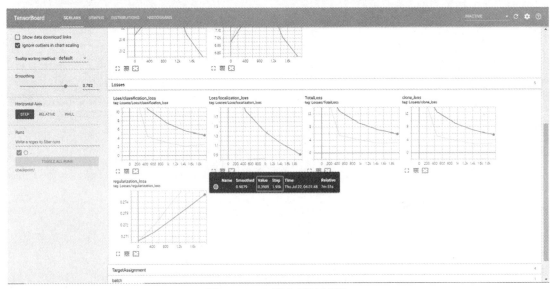

图 6.15　可视化训练过程

步骤 6　查看训练结果

进入 checkpoint 子目录，可以看到生成了多组模型文件，如图 6.16 所示。

model.ckpt-××××.meta 文件：保存了计算图，也就是神经网络的结构。

model.ckpt-××××.data-×××× 文件：保存了模型的变量。

model.ckpt-××××.index 文件：保存了神经网络索引映射文件。

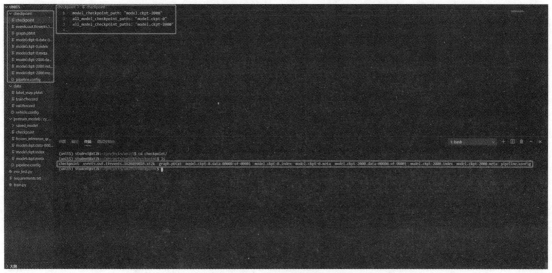

图 6.16　查看训练结果

【任务小结】

本任务我们根据算法团队提供的算法模型，配置了训练模型参数，对已标注的数据集进行了训练，得到了训练后的多组模型文件。后面我们将对训练后的模型进行评估，判断其可用性。

任务 5　交通工具检测模型评估

【任务目标】

对训练模型进行评估，判断模型的可用性。

【任务操作】

步骤 1　创建评估文件

在开发环境中打开/home/student/projects/unit5/目录，创建评估程序 eval.py。

（1）导入模型的各个模块并定义输入参数。

```
import functools
import os
import tensorflow as tf
from object_detection.builders import dataset_builder
from object_detection.builders import graph_rewriter_builder
from object_detection.builders import model_builder
from object_detection.legacy import evaluator
from object_detection.utils import config_util
from object_detection.utils import label_map_util


os.environ["TF_CPP_MIN_LOG_LEVEL"] = '3'
tf.compat.v1.logging.set_verbosity(tf.compat.v1.logging.ERROR)
flags = tf.app.flags
flags.DEFINE_boolean('eval_training_data', False,'')
flags.DEFINE_string('checkpoint_dir', '', '')
flags.DEFINE_string('eval_dir', '', 'Directory to write eval summaries.')
flags.DEFINE_string('pipeline_config_path', '', 'Path to a pipeline config.')
flags.DEFINE_string('eval_config_path', '', '')
flags.DEFINE_string('input_config_path', '', '')
flags.DEFINE_string('model_config_path', '', '')
flags.DEFINE_boolean('run_once', False,'')
FLAGS = flags.FLAGS
```

（2）评估主函数：加载模型配置。

```
@tf.contrib.framework.deprecated(None,'Use object_detection/model_main.py.')
def main(unused_argv):
  assert FLAGS.checkpoint_dir,'`checkpoint_dir` is missing.'
  assert FLAGS.eval_dir,'`eval_dir` is missing.'
  tf.gfile.MakeDirs(FLAGS.eval_dir)
  if FLAGS.pipeline_config_path:
    configs = config_util.get_configs_from_pipeline_file(
      FLAGS.pipeline_config_path)
    tf.gfile.Copy(
      FLAGS.pipeline_config_path,
      os.path.join(FLAGS.eval_dir,'pipeline.config'),
      overwrite=True)
  else:
    configs = config_util.get_configs_from_multiple_files(
      model_config_path=FLAGS.model_config_path,
      eval_config_path=FLAGS.eval_config_path,
```

```
          eval_input_config_path=FLAGS.input_config_path)
    for name,config in [('model.config', FLAGS.model_config_path),
                ('eval.config', FLAGS.eval_config_path),
                ('input.config', FLAGS.input_config_path)]:
      tf.gfile.Copy(config,os.path.join(FLAGS.eval_dir,name),overwrite=True)


    model_config = configs['model']
    eval_config = configs['eval_config']
    input_config = configs['eval_input_config']
    if FLAGS.eval_training_data:
      input_config = configs['train_input_config']


    model_fn = functools.partial(
      model_builder.build,model_config=model_config,is_training=False)
```

（3）评估主函数：定义评估循环，并记录评估日志。

```
    def get_next(config):
      return dataset_builder.make_initializable_iterator(
        dataset_builder.build(config)).get_next()


    create_input_dict_fn = functools.partial(get_next,input_config)


    categories = label_map_util.create_categories_from_labelmap(
      input_config.label_map_path)


    if FLAGS.run_once:
      eval_config.max_evals = 1


    graph_rewriter_fn = None
    if 'graph_rewriter_config' in configs:
      graph_rewriter_fn = graph_rewriter_builder.build(
        configs['graph_rewriter_config'],is_training=False)
```

（4）评估主函数：配置评估函数参数。

```
    evaluator.evaluate(
      create_input_dict_fn,
      model_fn,
      eval_config,
      categories,
      FLAGS.checkpoint_dir,
      FLAGS.eval_dir,
```

```
      graph_hook_fn=graph_rewriter_fn)
   print("模型评估完成!")
```

评估程序 eval.py 文件完整内容如下：

```python
# eval.py
import functools
import os
import tensorflow as tf
from object_detection.builders import dataset_builder
from object_detection.builders import graph_rewriter_builder
from object_detection.builders import model_builder
from object_detection.legacy import evaluator
from object_detection.utils import config_util
from object_detection.utils import label_map_util


os.environ["TF_CPP_MIN_LOG_LEVEL"] = '3'
tf.compat.v1.logging.set_verbosity(tf.compat.v1.logging.ERROR)
flags = tf.app.flags
flags.DEFINE_boolean('eval_training_data', False,'')
flags.DEFINE_string('checkpoint_dir', '', '')
flags.DEFINE_string('eval_dir', '', 'Directory to write eval summaries.')
flags.DEFINE_string('pipeline_config_path', '', 'Path to a pipeline config.')
flags.DEFINE_string('eval_config_path', '', '')
flags.DEFINE_string('input_config_path', '', '')
flags.DEFINE_string('model_config_path', '', '')
flags.DEFINE_boolean('run_once', False,'')
FLAGS = flags.FLAGS


@tf.contrib.framework.deprecated(None,'Use object_detection/model_main.py.')
def main(unused_argv):
  assert FLAGS.checkpoint_dir,'`checkpoint_dir` is missing.'
  assert FLAGS.eval_dir,'`eval_dir` is missing.'
  tf.gfile.MakeDirs(FLAGS.eval_dir)
  if FLAGS.pipeline_config_path:
    configs = config_util.get_configs_from_pipeline_file(
      FLAGS.pipeline_config_path)
    tf.gfile.Copy(
      FLAGS.pipeline_config_path,
      os.path.join(FLAGS.eval_dir,'pipeline.config'),
```

```
        overwrite=True)
  else:
    configs = config_util.get_configs_from_multiple_files(
        model_config_path=FLAGS.model_config_path,
        eval_config_path=FLAGS.eval_config_path,
        eval_input_config_path=FLAGS.input_config_path)
    for name,config in [('model.config', FLAGS.model_config_path),
                ('eval.config', FLAGS.eval_config_path),
                ('input.config', FLAGS.input_config_path)]:
      tf.gfile.Copy(config,os.path.join(FLAGS.eval_dir,name),overwrite=True)

  model_config = configs['model']
  eval_config = configs['eval_config']
  input_config = configs['eval_input_config']
  if FLAGS.eval_training_data:
    input_config = configs['train_input_config']
  model_fn = functools.partial(
      model_builder.build,model_config=model_config,is_training=False)

  def get_next(config):
    return dataset_builder.make_initializable_iterator(
        dataset_builder.build(config)).get_next()

  create_input_dict_fn = functools.partial(get_next,input_config)

  categories = label_map_util.create_categories_from_labelmap(
      input_config.label_map_path)

  if FLAGS.run_once:
    eval_config.max_evals = 1

  graph_rewriter_fn = None
  if 'graph_rewriter_config' in configs:
    graph_rewriter_fn = graph_rewriter_builder.build(
        configs['graph_rewriter_config'],is_training=False)

  evaluator.evaluate(
      create_input_dict_fn,
      model_fn,
```

```
        eval_config,
        categories,
        FLAGS.checkpoint_dir,
        FLAGS.eval_dir,
        graph_hook_fn=graph_rewriter_fn)
    print("模型评估完成!")



if __name__ == '__main__':
    tf.app.run()
```

步骤 2   评估已训练模型

运行评估 eval.py 程序，读取配置文件 vehicle.config 中定义的训练模型、训练参数、数据集，读取 checkpoint 目录中的训练结果，把评估结果保存到 evaluation 目录中。

```
$ conda activate unit5
$ python eval.py --logtostderr --checkpoint_dir checkpoint --eval_dir evaluation --pipeline_config_path data/vehicle.config
```

在评估过程中，可以看到对不同类别的评估结果，如图 6.17 所示。

图 6.17   模型评估

步骤 3 查看评估结果

利用 TensorBoard 工具查看评估结果。注意：需要把地址换成对应的数据处理服务器地址，然后在浏览器中输入对应地址和端口号进行查看。

```
$ tensorboard --host 172.16.33.11 --port 8889 --logdir evaluation/
```

步骤 4 分析模型可用性

在浏览器中查看各类别的平均精确度（AP）值，越接近 1 则说明模型的可用性越高。此时图上显示，step 是 2k，说明这个模型是训练到 2000 步时保存下来的，对应 model.ckpt-2000 训练模型，如图 6.18 所示。

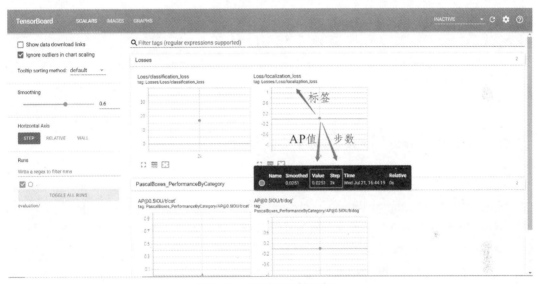

图 6.18 模型可用性分析

【任务小结】

TensorBoard 是 Tensorflow 内置的一个可视化工具，它通过将 Tensorflow 程序输出的日志文件的信息可视化，使得 tensorflow 程序的理解、调试和优化更加简单、高效。本任务通过对模型的评估，我们得到了训练过程中实用性较强的一组模型，后续将对此模型导出冻结图和进行测试。

任务 6 交通工具检测模型测试

【任务目标】

将已经评估为可用性较强的模型，导出为可测试的冻结图模型，用测试数据进行测试。

【任务操作】

步骤1　创建导出文件

在开发环境中打开/home/student/projects/unit5/目录，创建导出程序 export_fz.py。

（1）导入模型转换模块，定义输入参数。

```
import os
import tensorflow as tf
from google.protobuf import text_format
from object_detection import exporter
from object_detection.protos import pipeline_pb2

os.environ["TF_CPP_MIN_LOG_LEVEL"] = '3'
tf.compat.v1.logging.set_verbosity(tf.compat.v1.logging.ERROR)
slim = tf.contrib.slim
flags = tf.app.flags

flags.DEFINE_string('input_type', 'image_tensor', '')
flags.DEFINE_string('input_shape', None,'[None,None,None,3]')
flags.DEFINE_string('pipeline_config_path', None,'Path to a pipeline config.')
flags.DEFINE_string('trained_checkpoint_prefix', None,'path/to/model.ckpt')
flags.DEFINE_string('output_directory', None,'Path to write outputs.')
flags.DEFINE_string('config_override', '', '')
flags.DEFINE_boolean('write_inference_graph', False,'')
tf.app.flags.mark_flag_as_required('pipeline_config_path')
tf.app.flags.mark_flag_as_required('trained_checkpoint_prefix')
tf.app.flags.mark_flag_as_required('output_directory')
FLAGS = flags.FLAGS
```

（2）转换模型主函数，调用模型转换函数。

```
def main(_):
  pipeline_config = pipeline_pb2.TrainEvalPipelineConfig()
  with tf.gfile.GFile(FLAGS.pipeline_config_path,'r')as f:
    text_format.Merge(f.read(),pipeline_config)
  text_format.Merge(FLAGS.config_override,pipeline_config)
  if FLAGS.input_shape:
    input_shape = [
        int(dim)if dim != '-1' else None
        for dim in FLAGS.input_shape.split(',')
    ]
```

```python
  else:
    input_shape = None
  exporter.export_inference_graph(
    FLAGS.input_type,pipeline_config,FLAGS.trained_checkpoint_prefix,
    FLAGS.output_directory,input_shape=input_shape,
    write_inference_graph=FLAGS.write_inference_graph)
  print("模型转换完成!")
```

导出程序 export_fz.py 文件完整内容如下：

```python
# export_fz.py
import os
import tensorflow as tf
from google.protobuf import text_format
from object_detection import exporter
from object_detection.protos import pipeline_pb2

os.environ["TF_CPP_MIN_LOG_LEVEL"] = '3'
tf.compat.v1.logging.set_verbosity（tf.compat.v1.logging.ERROR）
slim = tf.contrib.slim
flags = tf.app.flags

flags.DEFINE_string（'input_type', 'image_tensor', ''）
flags.DEFINE_string（'input_shape', None, '[None, None, None, 3]'）
flags.DEFINE_string（'pipeline_config_path', None, 'Path to a pipeline config.'）
flags.DEFINE_string（'trained_checkpoint_prefix', None, 'path/to/model.ckpt'）
flags.DEFINE_string（'output_directory', None, 'Path to write outputs.'）
flags.DEFINE_string（'config_override', '', ''）
flags.DEFINE_boolean（'write_inference_graph', False, ''）
tf.app.flags.mark_flag_as_required（'pipeline_config_path'）
tf.app.flags.mark_flag_as_required（'trained_checkpoint_prefix'）
tf.app.flags.mark_flag_as_required（'output_directory'）
FLAGS = flags.FLAGS


def main（_）:
  pipeline_config = pipeline_pb2.TrainEvalPipelineConfig（）
  with tf.gfile.GFile（FLAGS.pipeline_config_path, 'r'）as f:
  text_format.Merge（f.read（）, pipeline_config）
  text_format.Merge(FLAGS.config_override,pipeline_config)
  if FLAGS.input_shape:
```

```
    input_shape = [
        int(dim)if dim != '-1' else None
        for dim in FLAGS.input_shape.split(',')
    ]
else:
    input_shape = None
exporter.export_inference_graph(
    FLAGS.input_type,pipeline_config,FLAGS.trained_checkpoint_prefix,
    FLAGS.output_directory,input_shape=input_shape,
    write_inference_graph=FLAGS.write_inference_graph)
print("模型转换完成!")



if __name__ == '__main__':
    tf.app.run()
```

步骤 2　导出冻结图模型

运行导出 export_fz.py 程序，读取配置文件 vehicle.config 中定义的配置，读取 checkpoint 目录中的 model.ckpt-2000 训练模型，导出为冻结图模型，并保存到 frozen_models 目录中，如图 6.19 所示。

```
$ conda activate unit5
$ python export_fz.py --input_type image_tensor --pipeline_config_path data/vehicle.config --trained_checkpoint_prefix checkpoint/model.ckpt-2000 --output_directory frozen_models
```

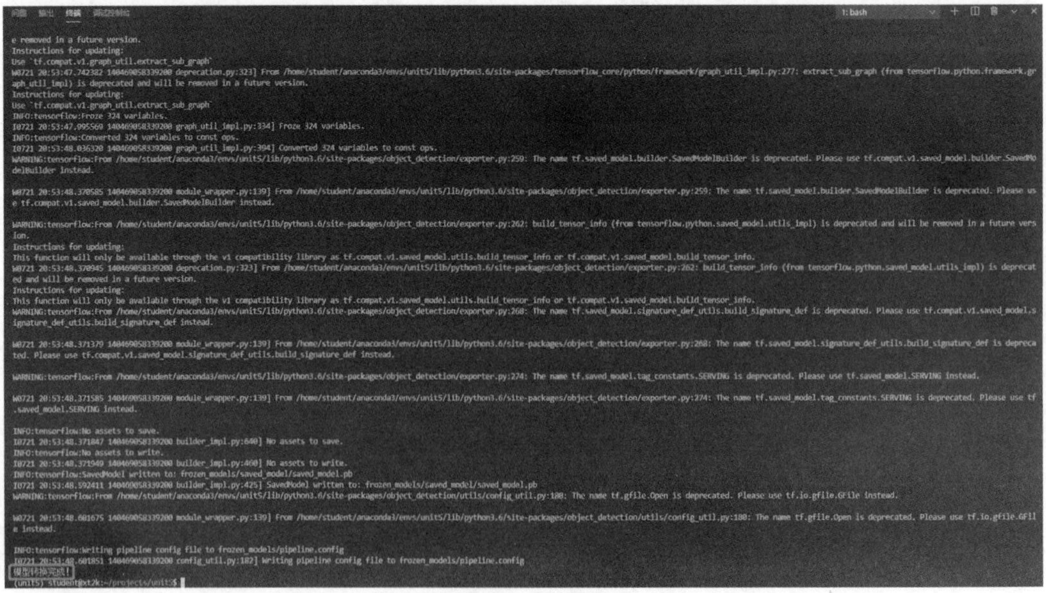

图 6.19　导出模型

步骤3　创建测试文件

在开发环境中打开/home/student/projects/unit5/目录，创建测试文件 detect.py。

（1）导入测试所需模块和可视化函数，定义输入参数。

```python
import numpy as np
import os
import tensorflow as tf
import matplotlib.pyplot as plt
from PIL import Image
from object_detection.utils import label_map_util
from object_detection.utils import visualization_utils as vis_util
from object_detection.utils import ops as utils_ops

os.environ["TF_CPP_MIN_LOG_LEVEL"] = '3'
tf.compat.v1.logging.set_verbosity（tf.compat.v1.logging.ERROR）
detect_img = '/home/student/data/vehicle/test/1.jpg'
result_img = '/home/student/projects/unit5/img/1_result.jpg'
MODEL_NAME = 'frozen_models'
PATH_TO_FROZEN_GRAPH = MODEL_NAME + '/frozen_inference_graph.pb'
PATH_TO_LABELS = 'data/label_map.pbtxt'
```

（2）加载模型计算图和数据标签。

```python
detection_graph = tf.Graph()
with detection_graph.as_default():
    od_graph_def = tf.compat.v1.GraphDef()
    with tf.io.gfile.GFile(PATH_TO_FROZEN_GRAPH,'rb')as fid:
        serialized_graph = fid.read()
        od_graph_def.ParseFromString(serialized_graph)
        tf.import_graph_def(od_graph_def,name='')
category_index = label_map_util.create_category_index_from_labelmap(PATH_TO_LA
BELS,use_display_name=True)
```

（3）图片数据转换函数。

```python
def load_image_into_numpy_array(image):
    (im_width,im_height)= image.size
    return np.array(image.getdata()).reshape((im_height,im_width,3)).astype(np.uint8)
```

（4）单张图像检测函数。

```python
def run_inference_for_single_image(image,graph):
    with graph.as_default():
        with tf.compat.v1.Session()as sess:
            ops = tf.compat.v1.get_default_graph().get_operations()
```

```python
            all_tensor_names = {output.name for op in ops for output in op.outputs}
            tensor_dict = {}
            for key in ['num_detections', 'detection_boxes', 'detection_scores','detection_cla
sses', 'detection_masks']:
                tensor_name = key + ':0'
                if tensor_name in all_tensor_names:
                    tensor_dict[key] = tf.compat.v1.get_default_graph().get_tensor_by_name(t
ensor_name)
            if 'detection_masks' in tensor_dict:
                detection_boxes = tf.squeeze(tensor_dict['detection_boxes'],[0])
                detection_masks = tf.squeeze(tensor_dict['detection_masks'],[0])
                real_num_detection = tf.cast(tensor_dict['num_detections'][0],tf.int32)
                detection_boxes = tf.slice(detection_boxes,[0,0],[real_num_detection,-1])
                detection_masks = tf.slice(detection_masks,[0,0,0],[real_num_detection,-1,-1])
            detection_masks_reframed = utils_ops.reframe_box_masks_to_image_masks(
            detection_masks,detection_boxes,image.shape[1],image.shape[2])
            detection_masks_reframed = tf.cast(tf.greater(detection_masks_reframed,0.5),tf.uint8)
            tensor_dict['detection_masks'] = tf.expand_dims(detection_masks_reframed,0)
            image_tensor = tf.compat.v1.get_default_graph().get_tensor_by_name('image_tensor:0')
        output_dict = sess.run(tensor_dict,feed_dict={image_tensor:image})
        output_dict['num_detections'] = int(output_dict['num_detections'][0])
        output_dict['detection_classes'] = output_dict['detection_classes'][0].astype(np.int64)
        output_dict['detection_boxes'] = output_dict['detection_boxes'][0]
        output_dict['detection_scores'] = output_dict['detection_scores'][0]
        if 'detection_masks' in output_dict:
            output_dict['detection_masks'] = output_dict['detection_masks'][0]
    return output_dict
```

（5）输入图片数据，检测输入数据，保存检测结果。

```python
image = Image.open(detect_img)
image_np = load_image_into_numpy_array(image)
# 转化输入图片为 shape=[1,None,None,3]
image_np_expanded = np.expand_dims(image_np,axis=0)
output_dict = run_inference_for_single_image(image_np_expanded,detection_graph)
vis_util.visualize_boxes_and_labels_on_image_array(
    image_np,
    output_dict['detection_boxes'],
    output_dict['detection_classes'],
    output_dict['detection_scores'],
    category_index,
```

```
        instance_masks=output_dict.get('detection_masks'),
        use_normalized_coordinates=True,
        line_thickness=6)
    plt.figure()
    plt.axis('off')
    plt.imshow(image_np)
    plt.savefig(result_img,bbox_inches='tight', pad_inches=0)
    print("测试%s 完成,结果保存在%s" % (detect_img,result_img))
```

测试程序 detect.py 完整内容如下：

```
#detect.py
import numpy as np
import os
import tensorflow as tf
import matplotlib.pyplot as plt
from PIL import Image
from object_detection.utils import label_map_util
from object_detection.utils import visualization_utils as vis_util
from object_detection.utils import ops as utils_ops

os.environ["TF_CPP_MIN_LOG_LEVEL"] = '3'
tf.compat.v1.logging.set_verbosity(tf.compat.v1.logging.ERROR)
detect_img = '/home/student/data/vehicle/test/1.jpg'
result_img = '/home/student/projects/unit5/img/1_result.jpg'
MODEL_NAME = 'frozen_models'
PATH_TO_FROZEN_GRAPH = MODEL_NAME + '/frozen_inference_graph.pb'
PATH_TO_LABELS = 'data/label_map.pbtxt'

detection_graph = tf.Graph()
with detection_graph.as_default():
    od_graph_def = tf.compat.v1.GraphDef()
    with tf.io.gfile.GFile(PATH_TO_FROZEN_GRAPH,'rb')as fid:
        serialized_graph = fid.read()
        od_graph_def.ParseFromString(serialized_graph)
        tf.import_graph_def(od_graph_def,name='')
    category_index = label_map_util.create_category_index_from_labelmap(PATH_TO_LABELS,
use_display_name=True)

def load_image_into_numpy_array(image):
    (im_width,im_height)= image.size
```

```
        return np.array(image.getdata()).reshape((im_height,im_width,3)).astype(np.uint8)


    def run_inference_for_single_image(image,graph):
        with graph.as_default():
            with tf.compat.v1.Session()as sess:
                ops = tf.compat.v1.get_default_graph().get_operations()
                all_tensor_names = {output.name for op in ops for output in op.outputs}
                tensor_dict = {}
                for key in ['num_detections', 'detection_boxes', 'detection_scores','detection_cla
sses', 'detection_masks']:
                    tensor_name = key + ':0'
                    if tensor_name in all_tensor_names:
                        tensor_dict[key] = tf.compat.v1.get_default_graph().get_tensor_by_name(t
ensor_name)
                if 'detection_masks' in tensor_dict:
                    detection_boxes = tf.squeeze(tensor_dict['detection_boxes'],[0])
                    detection_masks = tf.squeeze(tensor_dict['detection_masks'],[0])
                    real_num_detection = tf.cast(tensor_dict['num_detections'][0],tf.int32)
                    detection_boxes = tf.slice(detection_boxes,[0,0],[real_num_detection,-1])
                    detection_masks = tf.slice(detection_masks,[0,0,0],[real_num_detection,-1,-1])
                    detection_masks_reframed = utils_ops.reframe_box_masks_to_image_masks(
                    detection_masks,detection_boxes,image.shape[1],image.shape[2])
                    detection_masks_reframed = tf.cast(tf.greater(detection_masks_reframed,0.5),
tf.uint8)
                    tensor_dict['detection_masks'] = tf.expand_dims(detection_masks_reframed,0)
                    image_tensor = tf.compat.v1.get_default_graph().get_tensor_by_name('image
_tensor:0')

                output_dict = sess.run(tensor_dict,feed_dict={image_tensor:image})
                output_dict['num_detections'] = int(output_dict['num_detections'][0])
                output_dict['detection_classes'] = output_dict['detection_classes'][0].astype(np.int64)
                output_dict['detection_boxes'] = output_dict['detection_boxes'][0]
                output_dict['detection_scores'] = output_dict['detection_scores'][0]
                if 'detection_masks' in output_dict:
                    output_dict['detection_masks'] = output_dict['detection_masks'][0]
        return output_dict

    image = Image.open(detect_img)
    image_np = load_image_into_numpy_array(image)
```

```
# 转化输入图片为 shape=[1,None,None,3]
image_np_expanded = np.expand_dims(image_np,axis=0)
output_dict = run_inference_for_single_image(image_np_expanded,detection_graph)
vis_util.visualize_boxes_and_labels_on_image_array(
    image_np,
    output_dict['detection_boxes'],
    output_dict['detection_classes'],
    output_dict['detection_scores'],
    category_index,
    instance_masks=output_dict.get('detection_masks'),
    use_normalized_coordinates=True,
    line_thickness=6)
plt.figure()
plt.axis('off')
plt.imshow(image_np)
plt.savefig(result_img,bbox_inches='tight', pad_inches=0)
print("测试%s 完成,结果保存在%s" % (detect_img,result_img))
```

步骤 4　测试并查看结果

创建 img 目录存放测试结果,运行测试程序 detect.py,并查看结果,如图 6.20 所示。

```
$ mkdir img
$ python detect.py
```

图 6.20　模型测试

为了将训练好的模型部署到目标平台，我们通常先将模型导出为标准格式的文件，再在目标平台上使用对应的工具来完成应用的部署。本任务我们把可用性较强的模型导出为冻结图模型，下一步把这个模型部署到边缘计算设备上。

任务 7　交通工具检测模型部署

【任务目标】

将经过测试确认可用的模型，转换为标准格式的模型文件，部署到边缘计算设备上。

【任务操作】

步骤 1　创建导出程序

在开发环境中打开/home/student/projects/unit5/目录，创建导出程序 export_pb.py。

（1）导入模型转换模块，定义输入参数。

```
import os
import tensorflow as tf
from google.protobuf import text_format
from object_detection import export_tflite_ssd_graph_lib
from object_detection.protos import pipeline_pb2

os.environ["TF_CPP_MIN_LOG_LEVEL"] = '3'
tf.compat.v1.logging.set_verbosity(tf.compat.v1.logging.ERROR)
flags = tf.app.flags
flags.DEFINE_string('output_directory', None,'Path to write outputs.')
flags.DEFINE_string('pipeline_config_path', None,'')
flags.DEFINE_string('trained_checkpoint_prefix', None,'Checkpoint prefix.')
flags.DEFINE_integer('max_detections', 10,'')
flags.DEFINE_integer('max_classes_per_detection', 1,'')
flags.DEFINE_integer('detections_per_class', 100,'')
flags.DEFINE_bool('add_postprocessing_op', True,'')
flags.DEFINE_bool('use_regular_nms', False,'')
flags.DEFINE_string('config_override', '', '')
FLAGS = flags.FLAGS
```

（2）调用模型转换函数，完成模型转换。

```
def main(argv):
```

```
    flags.mark_flag_as_required('output_directory')
    flags.mark_flag_as_required('pipeline_config_path')
    flags.mark_flag_as_required('trained_checkpoint_prefix')

    pipeline_config = pipeline_pb2.TrainEvalPipelineConfig()

    with tf.gfile.GFile(FLAGS.pipeline_config_path,'r')as f:
      text_format.Merge(f.read(),pipeline_config)
    text_format.Merge(FLAGS.config_override,pipeline_config)
    export_tflite_ssd_graph_lib.export_tflite_graph(
        pipeline_config,FLAGS.trained_checkpoint_prefix,FLAGS.output_directory,
        FLAGS.add_postprocessing_op,FLAGS.max_detections,
        FLAGS.max_classes_per_detection,FLAGS.use_regular_nms)
    print("模型转换完成!")
```

导出程序 export_pb.py 文件完整内容如下：

```
# export_pb.py
import os
import tensorflow as tf
from google.protobuf import text_format
from object_detection import export_tflite_ssd_graph_lib
from object_detection.protos import pipeline_pb2

os.environ["TF_CPP_MIN_LOG_LEVEL"] = '3'
tf.compat.v1.logging.set_verbosity(tf.compat.v1.logging.ERROR)
flags = tf.app.flags
flags.DEFINE_string('output_directory', None,'Path to write outputs.')
flags.DEFINE_string('pipeline_config_path', None,'')
flags.DEFINE_string('trained_checkpoint_prefix', None,'Checkpoint prefix.')
flags.DEFINE_integer('max_detections', 10,'')
flags.DEFINE_integer('max_classes_per_detection', 1,'')
flags.DEFINE_integer('detections_per_class', 100,'')
flags.DEFINE_bool('add_postprocessing_op', True,'')
flags.DEFINE_bool('use_regular_nms', False,'')
flags.DEFINE_string('config_override', '', '')
FLAGS = flags.FLAGS


def main(argv):
  flags.mark_flag_as_required('output_directory')
```

```
flags.mark_flag_as_required('pipeline_config_path')
flags.mark_flag_as_required('trained_checkpoint_prefix')

pipeline_config = pipeline_pb2.TrainEvalPipelineConfig()

with tf.gfile.GFile(FLAGS.pipeline_config_path,'r')as f:
  text_format.Merge(f.read(),pipeline_config)
text_format.Merge(FLAGS.config_override,pipeline_config)
export_tflite_ssd_graph_lib.export_tflite_graph(
    pipeline_config,FLAGS.trained_checkpoint_prefix,FLAGS.output_directory,
    FLAGS.add_postprocessing_op,FLAGS.max_detections,
    FLAGS.max_classes_per_detection,FLAGS.use_regular_nms)
print("模型转换完成!")


if __name__ == '__main__':
  tf.app.run(main)
```

步骤 2　导出 pb 文件

运行导出程序 export_pb.py，读取配置文件 vehicle.config 中定义的参数，读取 checkpoint 目录中的训练结果，把 tflite_pb 模型图保存到 tflite_models 目录中。

```
$ conda activate unit5
$ python export_pb.py --pipeline_config_path data/vehicle.config --trained_checkpoint_prefix checkpoint/model.ckpt-2000 --output_directory tflite_models
```

步骤 3　创建转换程序

在开发环境中打开/home/student/projects/unit5/目录，创建转换程序 pb_to_tflite.py。
（1）导入模块，定义输入参数。

```
import os
import tensorflow as tf

os.environ["TF_CPP_MIN_LOG_LEVEL"] = '3'
tf.compat.v1.logging.set_verbosity(tf.compat.v1.logging.ERROR)
flags = tf.app.flags
flags.DEFINE_string('pb_path', 'tflite_models/tflite_graph.pb', 'tflite pb file.')
flags.DEFINE_string('tflite_path', 'tflite_models/zy_ssd.tflite', 'output tflite.')
FLAGS = flags.FLAGS
```

（2）转换为 tflite 模型。

```python
def convert_pb_to_tflite(pb_path,tflite_path):
    # 模型输入节点
    input_tensor_name = ["normalized_input_image_tensor"]
    input_tensor_shape = {"normalized_input_image_tensor": [1,300,300,3]}
    # 模型输出节点
    classes_tensor_name = ['TFLite_Detection_PostProcess', 'TFLite_Detection_PostProcess:1',
                'TFLite_Detection_PostProcess:2', 'TFLite_Detection_PostProcess:3']
    # 转换为 tflite 模型
    converter = tf.lite.TFLiteConverter.from_frozen_graph(pb_path,
                                        input_tensor_name,
                                        classes_tensor_name,
                                        input_tensor_shape)

    converter.allow_custom_ops = True
    converter.optimizations = [tf.lite.Optimize.DEFAULT]
    tflite_model = converter.convert()
```

（3）tflite 模型写入。

```python
    converter.allow_custom_ops = True
    converter.optimizations = [tf.lite.Optimize.DEFAULT]
    tflite_model = converter.convert()
    # 模型写入
    if not tf.gfile.Exists(os.path.dirname(tflite_path)):
        tf.gfile.MakeDirs(os.path.dirname(tflite_path))
    with open(tflite_path,"wb")as f:
        f.write(tflite_model)
    print("Save tflite model at %s" % tflite_path)
    print("模型转换完成!")


if __name__ == '__main__':
    convert_pb_to_tflite(FLAGS.pb_path,FLAGS.tflite_path)
```

转换程序 pb_to_tflite.py 文件完整内容如下：

```python
# pb_to_tflite.py
import os
import tensorflow as tf
os.environ["TF_CPP_MIN_LOG_LEVEL"] = '3'
tf.compat.v1.logging.set_verbosity(tf.compat.v1.logging.ERROR)


flags = tf.app.flags
flags.DEFINE_string('pb_path', 'tflite_models/tflite_graph.pb', 'tflite pb file.')
```

```
flags.DEFINE_string('tflite_path', 'tflite_models/zy_ssd.tflite', 'output tflite.')
FLAGS = flags.FLAGS


def convert_pb_to_tflite(pb_path,tflite_path):
    # 模型输入节点
    input_tensor_name = ["normalized_input_image_tensor"]
    input_tensor_shape = {"normalized_input_image_tensor": [1,300,300,3]}
    # 模型输出节点
    classes_tensor_name = ['TFLite_Detection_PostProcess','TFLite_Detection_PostProcess:1',
                'TFLite_Detection_PostProcess:2', 'TFLite_Detection_PostProcess:3']
    # 转换为 tflite 模型
    converter = tf.lite.TFLiteConverter.from_frozen_graph(pb_path,
                                input_tensor_name,
                                classes_tensor_name,
                                input_tensor_shape)

    converter.allow_custom_ops = True
    converter.optimizations = [tf.lite.Optimize.DEFAULT]
    tflite_model = converter.convert()
    # 模型写入
    if not tf.gfile.Exists(os.path.dirname(tflite_path)):
        tf.gfile.MakeDirs(os.path.dirname(tflite_path))
    with open(tflite_path,"wb")as f:
        f.write(tflite_model)
    print("Save tflite model at %s" % tflite_path)
    print("模型转换完成!")


if __name__ == '__main__':
    convert_pb_to_tflite(FLAGS.pb_path,FLAGS.tflite_path)
```

步骤 4 转换 tflite 文件

运行文件 pb_to_tflite.py 程序。

```
$ python pb_to_tflite.py
```

步骤 5 创建推理执行程序

在开发环境中打开/home/student/projects/unit5/tflite_models 目录，创建推理执行程序 func_detection_img.py。

（1）导入所用模块。

```python
import os
import cv2
import numpy as np
import sys
import glob
import importlib.util
import base64
```

（2）定义模型和数据推理器。

```python
def update_image(image_data,GRAPH_NAME='zy_ssd.tflite', min_conf_threshold=0.5,
            use_TPU=False,model_dir='util'):
    from tflite_runtime.interpreter import Interpreter
    CWD_PATH = os.getcwd()
    PATH_TO_CKPT = os.path.join(CWD_PATH,model_dir,GRAPH_NAME)

    labels = ['bicycle', 'car', 'motorbike', 'bus']

    interpreter = Interpreter(model_path=PATH_TO_CKPT)

    interpreter.allocate_tensors()

    input_details = interpreter.get_input_details()
    output_details = interpreter.get_output_details()
    height = input_details[0]['shape'][1]
    width = input_details[0]['shape'][2]

    floating_model =(input_details[0]['dtype'] == np.float32)

    input_mean = 127.5
    input_std = 127.5
```

（3）输入图像并转换图像数据为张量。

```python
    # base64 解码
    img_data = base64.b64decode(image_data)
    # 转换为 np 数组
    img_array = np.fromstring(img_data,np.uint8)
    # 转换成 opencv 可用格式
    image = cv2.imdecode(img_array,cv2.COLOR_RGB2BGR)
```

```
image_rgb = cv2.cvtColor(image,cv2.COLOR_BGR2RGB)
imH,imW,_ = image.shape
image_resized = cv2.resize(image_rgb,(width,height))
input_data = np.expand_dims(image_resized,axis=0)

if floating_model:
    input_data =(np.float32(input_data) - input_mean)/ input_std

interpreter.set_tensor(input_details[0]['index'],input_data)
interpreter.invoke()

boxes = interpreter.get_tensor(output_details[0]['index'])[0]
classes = interpreter.get_tensor(output_details[1]['index'])[0]
scores = interpreter.get_tensor(output_details[2]['index'])[0]
```

(4)检测图片,并可视化输出结果。

```
for i in range(len(scores)):
    if((scores[i] > min_conf_threshold) and (scores[i] <= 1.0)):
        ymin = int(max(1,(boxes[i][0] * imH)))
        xmin = int(max(1,(boxes[i][1] * imW)))
        ymax = int(min(imH,(boxes[i][2] * imH)))
        xmax = int(min(imW,(boxes[i][3] * imW)))

        cv2.rectangle(image,(xmin,ymin),(xmax,ymax),(10,255,0),2)

        object_name = labels[int(classes[i])]
        label = '%s:%d%%' %(object_name,int(scores[i] * 100))
        labelSize,baseLine = cv2.getTextSize(label,cv2.FONT_HERSHEY_SIMPLEX,0.7,2)
        label_ymin = max(ymin,labelSize[1] + 10)
        cv2.rectangle(image,(xmin,label_ymin - labelSize[1] - 10),
                (xmin + labelSize[0],label_ymin + baseLine - 10),(255,255,255),
                cv2.FILLED)
        cv2.putText(image,label,(xmin,label_ymin - 7),cv2.FONT_HERSHEY_SIMPLEX,0.7,
(0,0,0),2)

    image_bytes = cv2.imencode('.jpg', image)[1].tostring()
    image_base64 = base64.b64encode(image_bytes).decode()
    return image_base64
```

推理执行程序 func_detection_img.py 文件完整内容如下：

```python
#func_detection_img.py
import os
import cv2
import numpy as np
import sys
import glob
import importlib.util
import base64


def update_image(image_data,GRAPH_NAME='zy_ssd.tflite', min_conf_threshold=0.5,
            use_TPU=False,model_dir='util'):
    from tflite_runtime.interpreter import Interpreter
    CWD_PATH = os.getcwd()
    PATH_TO_CKPT = os.path.join(CWD_PATH,model_dir,GRAPH_NAME)


    labels = ['bus','bicycle','motorcycle','car']


    interpreter = Interpreter(model_path=PATH_TO_CKPT)


    interpreter.allocate_tensors()


    input_details = interpreter.get_input_details()
    output_details = interpreter.get_output_details()
    height = input_details[0]['shape'][1]
    width = input_details[0]['shape'][2]


    floating_model =(input_details[0]['dtype'] == np.float32)


    input_mean = 127.5
    input_std = 127.5


    # base64 解码
    img_data = base64.b64decode(image_data)
    # 转换为 np 数组
    img_array = np.fromstring(img_data,np.uint8)
    # 转换成 opencv 可用格式
    image = cv2.imdecode(img_array,cv2.COLOR_RGB2BGR)
```

```python
        image_rgb = cv2.cvtColor(image,cv2.COLOR_BGR2RGB)
        imH,imW,_ = image.shape
        image_resized = cv2.resize(image_rgb,(width,height))
        input_data = np.expand_dims(image_resized,axis=0)

        if floating_model:
            input_data =(np.float32(input_data) - input_mean)/ input_std

        interpreter.set_tensor(input_details[0]['index'],input_data)
        interpreter.invoke()

        boxes = interpreter.get_tensor(output_details[0]['index'])[0]
        classes = interpreter.get_tensor(output_details[1]['index'])[0]
        scores = interpreter.get_tensor(output_details[2]['index'])[0]

        for i in range(len(scores)):
            if((scores[i] > min_conf_threshold) and (scores[i] <= 1.0)):
                ymin = int(max(1,(boxes[i][0] * imH)))
                xmin = int(max(1,(boxes[i][1] * imW)))
                ymax = int(min(imH,(boxes[i][2] * imH)))
                xmax = int(min(imW,(boxes[i][3] * imW)))

                cv2.rectangle(image,(xmin,ymin),(xmax,ymax),(10,255,0),2)

                object_name = labels[int(classes[i])]
                label = '%s:%d%%' %(object_name,int(scores[i] * 100))
                labelSize,baseLine =
cv2.getTextSize(label,cv2.FONT_HERSHEY_SIMPLEX,0.7,2)
                label_ymin = max(ymin,labelSize[1] + 10)
                cv2.rectangle(image,(xmin,label_ymin - labelSize[1] - 10),
                        (xmin + labelSize[0],label_ymin + baseLine - 10),(255,255,255),
                        cv2.FILLED)
                cv2.putText(image,label,(xmin,label_ymin - 7),cv2.FONT_HERSHEY_SIMPLEX,0.7,
(0,0,0),2)

        image_bytes = cv2.imencode('.jpg', image)[1].tostring()
        image_base64 = base64.b64encode(image_bytes).decode()
        return image_base64
```

步骤 6 部署到边缘设备

将模型 zy_ssd.tflite 文件、推理执行程序 func_detection_img.py 文件拷贝到边缘计算设备中。注意：需要把 IP 地址换成对应的推理机地址。

```
$ scp tflite_models/zy_ssd.tflite student@172.16.33.118:/home/student/zy-panel-check/util/
$ scp tflite_models/func_detection_img.py student@172.16.33.118:/home/student/zy-panel-check/util/
```

【任务小结】

训练好的模型需要通过格式转换才能部署到目标平台中，通过 pb_to_tflite.py 程序把导出的 pb 模型转换为 tflite 格式，部署到边缘计算设备上。

通过平台上的"模型验证"上传或输入图片 URL 进行检测，结果如图 6.21 所示。

图 6.21 模型验证

训练好的模型需要通过格式转换才能部署到移动设备中，通过 pb_to_tflite.py 文件把之前导出的模型转换为 tflite 格式才能完成在边缘推理设备中的运行。

【项目小结】

通过亲自动手完成数据标注、数据训练、模型导出等任务，你实现了一个交通工具的机器识别模型，并部署到边缘计算设备上，测试通过。同时，通过与另外一组同事联调，实现了"车不入位"及"违章停车"的报警，圆满完成了项目经理分派的工作。项目交付之后，小区业主反馈"现在开车上下班比以前通畅多了，违停的车辆也少了很多。"

多学一点：深度学习在机器学习中起着重要的作用。深度学习是一个多层次的学习，逐层学习并把学习的知识传递给下一层，通过这种方式，就可以实现对输入信息进行分级表达。深度学习的实质就是通过建立、模拟人脑的分层结构，对外部输入的声音、图像、文本等数据进行从低级到高级的特征提取，从而能够解释外部数据。与传统学习结构相比，深度学习更加强调模型结构的深度，通常含有多层的隐层节点，而且在深度学习中，特征学习至关重要，通过特征的逐层变换完成最后的预测和识别。祝愿你在未来的学习中掌握更多的技能，在实际工作中灵活运用，成为一名优秀的工程师。

项 目 7 节能洗车房车牌识别

项目背景

电子信息专业的你加入了一家节能环保公司，该公司的主营产品是节能型洗车房。由于节水、节电而且可自动洗车，该产品迅速得到了市场和资本的认可。公司决定继续投入研发新一代产品：在节能洗车房的基础上实现无人值守的功能。新产品需要通过图像识别检测出车牌号码，车主通过扫码支付后，洗车房的卷帘门自动开启。新产品的研发由公司总工亲自挂帅，他对团队寄予厚望，作为人工智能训练师，你被分在图像识别团队。项目经理为你提供了数百张原始车牌图片，并配备了一位资深算法工程师为你提供预训练模型，要求你在硬件设计定稿打样之前，完成车牌识别的模型训练，能够识别京牌车号，并部署到边缘计算设备上测试通过。为了给后续实际上线工作提供可靠的基础，你的工作需要在一周内完成，请尽快开始。

提示：对车牌识别应用来说，重新设计一个全新的深度学习神经网络模型，然后用数以万计的图片数据去训练，对公司来说实现的难度和成本非常高。因此，基于深度学习预训练模型，用百张数量级的图片做迁移学习，是一个容易实现的技术路径。经过分析，梳理出来的需求是通过图片识别车牌、车牌所属地汉字、车牌字母、阿拉伯数字。一周时间作为概念验证，车牌所属地汉字只需要识别"京"，字母没有 I 和 O，所以一共需要建立 36 个类别。

能力目标

（1）图像处理和模式识别能力：通过项目实践，掌握图像处理和模式识别的基础知识和技能，包括车牌字符的分割、识别和匹配等。通过解决实际问题，深入理解和掌握图像处理和模式识别的原理和方法。

（2）跨学科知识应用能力：本项目需要结合车辆工程、控制工程、计算机科学等多个学科领域的知识，需要学会将所学知识进行综合应用，以解决实际问题。通过项目实践，提升跨学科知识应用的能力。

任务 1 数据准备

【任务目标】

准备一定数量的车牌图片数据，分别保存在训练、验证、测试等不同的目录中。

【任务操作】

步骤 1 数据采集

感谢项目经理和团队的其他同事，已经准备好相关图片数据。

步骤 2 数据整理

（1）将数据下载到工作目录，解压缩。

（2）在终端命令行窗口中执行以下操作。注意：第二行命令需要把地址换成对应的资源平台地址。

```
$ cd ~/data
$ wget http://172.16.33.72/dataset/plate.tar.gz
$ tar zxvf plate.tar.gz
```

在终端命令行窗口中执行以下操作，查看输出结果，如图 7.1 所示。

```
$ cd ~/data/plate
$ ls
```

图 7.1 数据集查看

【任务小结】

本任务我们获得了项目团队提供的车牌图片数据，并成功把原始数据导入操作平台中为下面的数据标注工作做好了基础准备。

任务 2 工程环境准备

【任务目标】

如果要对数据进行标注，模型进行训练、评估和部署，必须先准备对应的工程环境。

【任务操作】

步骤 1 创建工程目录

在开发环境中打开，并为本项目创建工程目录，在终端命令行窗口中执行以下操作。

```
$ mkdir ~/projects/unit6
$ mkdir ~/projects/unit6/data
$ cd ~/projects/unit6
```

步骤 2 创建开发环境

创建名为 unit6 的虚拟环境，使用 Python3.6 版本。

```
$ conda create -n unit6 python=3.6
```

输入"y"继续完成操作，然后执行以下操作激活开发环境。

```
$ conda activate unit6
```

步骤 3　配置 GPU 环境

安装 tensorflow-gpu1.15 环境。

```
$ conda install tensorflow-gpu=1.15
```

输入"y"继续完成操作，如图 7.2 所示。

图 7.2　环境安装配置

步骤 4　配置依赖环境

在开发环境中打开/home/student/projects/unit6 目录，创建依赖清单文件 requirements.txt。

将以下内容写到 requirements.txt 清单文件中，然后执行命令安装依赖库环境，如图 7.3
所示。

```
# requirements.txt
Cython
contextlib2
matplotlib
pillow
lxml
jupyter
pycocotools
click
PyYAML
```

```
joblib
autopep8
$ conda activate unit6
$ pip install -r requirements.txt
```

图 7.3 配置依赖环境

步骤 5 配置图像识别库环境

（1）安装中育 object_detection 库和中育 slim 库。

（2）在终端命令行窗口中执行以下操作，完成后删除安装程序。注意：第一行和第三行命令需要把地址换成对应的资源平台地址。

```
$ wget http://172.16.33.72/dataset/dist/zy_od_1.0.tar.gz
$ pip install zy_od_1.0.tar.gz
$ wget http://172.16.33.72/dataset/dist/zy_slim_1.0.tar.gz
$ pip install zy_slim_1.0.tar.gz
$ rm zy_od_1.0.tar.gz zy_slim_1.0.tar.gz
```

步骤 6 验证环境

在终端命令行窗口中执行以下操作，如图 7.4 所示。注意：需要把地址换成对应的资源平台地址。

```
$ wget http://172.16.33.72/dataset/script/env_test.py
$ python env_test.py
```

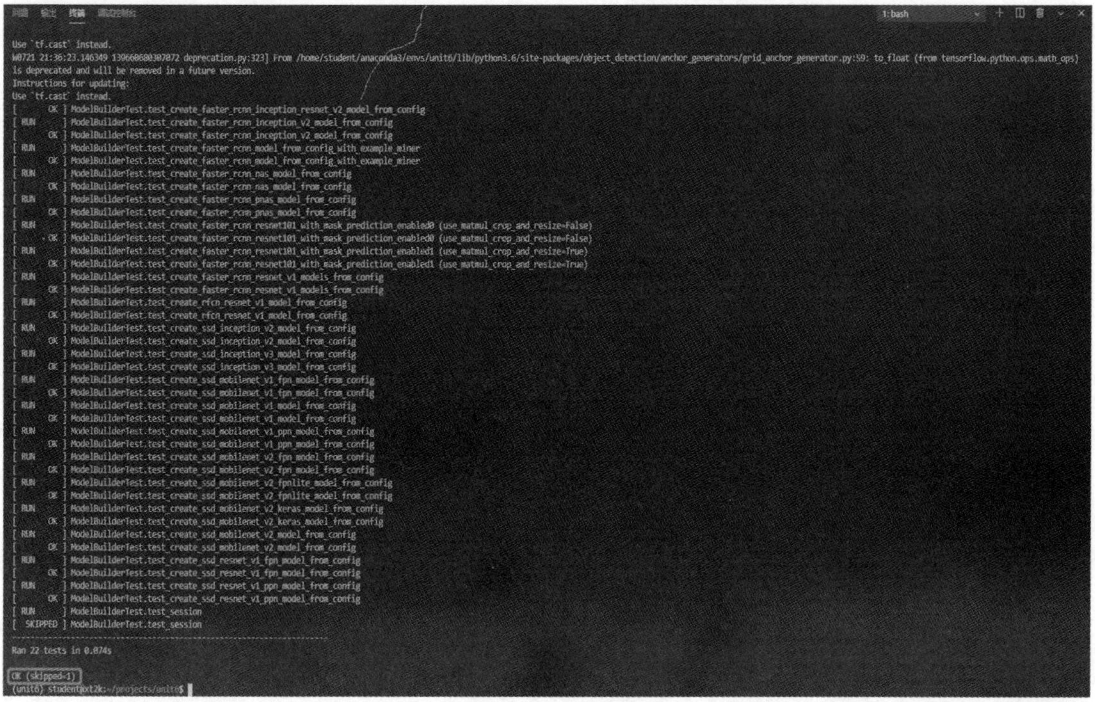

图 7.4 验证环境

【任务小结】

本任务我们完成了人工智能基础开发环境的安装和中育目标检测模型库的安装与测试。目前已经完成项目工程环境的安装配置，具备了数据标注、模型训练、评估和部署的基础条件。

任务 3 车牌图片数据标注

【任务目标】

使用图片标注工具完成数据标注，导出为数据集文件，并保存标签映射文件。

【任务操作】

步骤 1 添加标注标签

（1）创建名称为"节能洗车房车牌识别"的标注项目。

（2）添加 36 类标签，分别为 plate，jing，A，B，C，D，E，F，G，H，J，K，L，M，N，P，Q，R，S，T，U，V，W，X，Y，Z，0，1，2，3，4，5，6，7，8，9，如图 7.5所示。注意设置为不同的颜色标签以示区分。

图 7.5　添加标注标签

步骤 2　创建训练集任务

（1）任务名称为"节能洗车房车牌识别训练集"。

（2）任务子集选择 Train。

（3）选择文件使用"连接共享文件"，选中任务 1 中整理的 train 子目录，如图 7.6 所示。

图 7.6　创建数据集任务

步骤 3　标注训练集数据

（1）打开"节能洗车房车牌识别训练集"，点击左下方的"作业"进入，如图 7.7 所示。

图 7.7 标注训练数据集

（2）使用加锁，可以避免对已标注对象的误操作，如图 7.8 所示。

（3）将一张图片中的对象标注完成后，点击上方"下一帧"。

图 7.8 标注完成加锁[①]

（4）继续标注，直至整个数据集完成标注。

步骤 4　导出标注训练集

（1）选择"菜单"→"导出为数据集"→"导出为 TFRecord 1.0"，如图 7.9 所示。

---

① 注：插图已取得授权。

图 7.9　导出数据集

（2）标注完成的数据导出后是一个压缩包 zip 文件，保存在浏览器默认的下载路径中。将这个文件解压缩，并把 default.tfrecord 重命名为 train.tfrecord。

步骤5　创建验证集任务

（1）任务名称为"节能洗车房车牌识别验证集"。

（2）任务子集选择 Validation。

（3）选择文件使用"连接共享文件"，选中任务1中整理的 val 子目录，如图7.10所示。

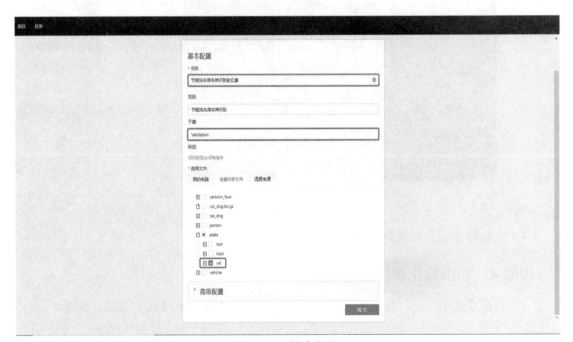

图 7.10　创建任务

步骤 6　标注验证集数据

（1）打开"节能洗车房车牌识别验证集"，点击左下方的"作业"进入，如图 7.11 所示。

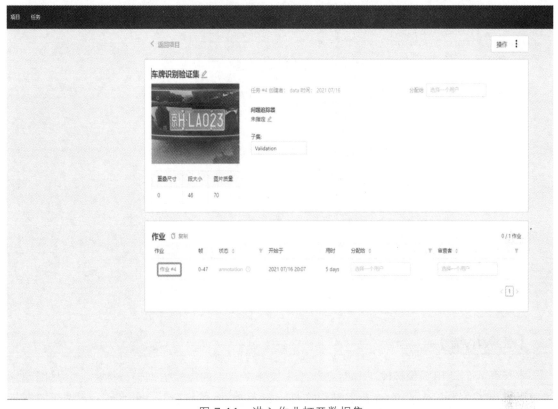

图 7.11　进入作业打开数据集

（2）将一张图片中的对象标注完成后，点击上方"下一帧"继续标注，直至整个数据集完成标注。

步骤 7　导出标注验证集

（1）选择"菜单"→"导出为数据集" →"导出为 TFRecord 1.0"。

（2）标注完成的数据集导出后是一个压缩文件，保存在浏览器默认的下载路径中。

（3）将这个文件解压缩后会得到 default.tfrecord 和 label_map.pbtxt 文件，把 default.tfrecord 重命名为 val.tfrecord。

（4）找到之前保存好的 train.tfrecord 文件，并把 val.tfrecord、train.tfrecord、label_map.pbtxt 三个文件存放到一起备用。

步骤 8　上传文件

打开系统提供的 winSCP 工具，找到之前准备好的 val.tfrecord、train.tfrecord、label_map.pbtxt 文件，并把这三个文件一同上传到训练服务器中的 home/student/projects/unit6/data 目录下，如图 7.12 所示。

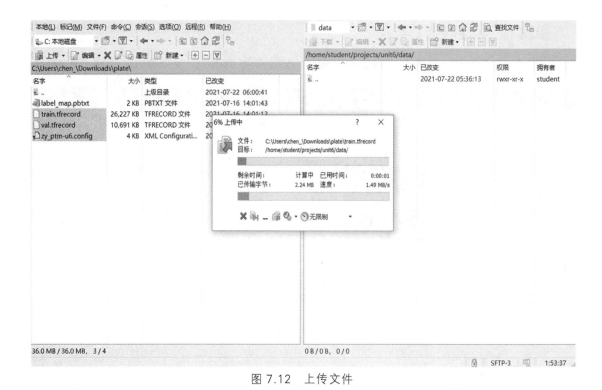

图 7.12　上传文件

【任务小结】

本任务我们使用图像标注工具对之前导入操作平台中的图片数据进行标注，并从图像标注工具导出了 label_map.pbtxt 标签映射文件，以及 train.tfrecord、val.tfrecord 两个数据集文件，如图 7.13 所示。下面我们将利用这三个文件来训练我们自己的车牌检测模型算法。

图 7.13　查看数据集文件

任务 4　车牌识别模型训练

【任务目标】

搭建训练模型、配置预训练模型参数，对已标注的数据集进行训练，得到训练模型。

【任务操作】

步骤 1　搭建模型

在开发环境中打开，并准备预训练模型相关目录。

```
$ cd ~/projects/unit6
$ mkdir pretrain_models
$ cd pretrain_models
```

下载算法团队提供的预训练模型，并解压缩。注意：需要把地址换成对应的资源平台地址。

```
$ wget http://172.16.33.72/dataset/dist/zy_ptm_u6.tar.gz
$ tar zxvf zy_ptm_u6.tar.gz
$ rm zy_ptm_u6.tar.gz
```

步骤 2　配置训练模型

在开发环境中打开/home/student/projects/unit6/data 目录，创建训练模型配置文件 plate.config。

（1）主干网络配置。主干网络是整个模型训练的基础，标记了当前模型识别的物体类别等重要信息。本项目车牌识别为 36 类，因此 num_classes 为 36。

```
num_classes: 36
box_coder {
  faster_rcnn_box_coder {
    y_scale: 10.0
    x_scale: 10.0
    height_scale: 5.0
    width_scale: 5.0
  }
}
matcher {
  argmax_matcher {
    matched_threshold: 0.5
    unmatched_threshold: 0.5
    ignore_thresholds: false
    negatives_lower_than_unmatched: true
    force_match_for_each_row: true
  }
}
similarity_calculator {
  iou_similarity {
  }
}
```

（2）先验框配置和图片分辨率配置。image_resizer 表示模型输入图片分辨率，在本例中为标准的 320×640，因此 height 为 320，width 为 640。

```
anchor_generator {
  ssd_anchor_generator {
```

```
      num_layers:6
      min_scale:0.2
      max_scale:0.95
      aspect_ratios:1.0
      aspect_ratios:2.0
      aspect_ratios:0.5
      aspect_ratios:3.0
      aspect_ratios:0.3333
    }
  }
  image_resizer {
    fixed_shape_resizer {
      height:320
      width:640
    }
  }
}
```

（3）边界预测框配置。

```
  box_predictor {
    convolutional_box_predictor {
      min_depth:0
      max_depth:0
      num_layers_before_predictor:0
      use_dropout:false
      dropout_keep_probability:0.8
      kernel_size:1
      box_code_size:4
      apply_sigmoid_to_scores:false
      conv_hyperparams {
        activation:RELU_6,
        regularizer {
          l2_regularizer {
            weight:0.00004
          }
        }
        initializer {
        truncated_normal_initializer {
          stddev:0.03
          mean:0.0
        }
```

```
      }
      batch_norm {
        train:true,
        scale:true,
        center:true,
        decay:0.9997,
        epsilon:0.001,
      }
    }
  }
}
```

（4）特征提取网络配置。

```
  feature_extractor {
    type:'ssd_mobilenet_v2'
    min_depth:16
    depth_multiplier:1.0
    use_explicit_padding:true
    conv_hyperparams {
      activation:RELU_6,
      regularizer {
        l2_regularizer {
          weight:0.00004
        }
      }
      initializer {
        truncated_normal_initializer {
          stddev:0.03
          mean:0.0
        }
      }
      batch_norm {
        train:true,
        scale:true,
        center:true,
        decay:0.9997,
        epsilon:0.001,
      }
    }
  }
```

（5）模型损失函数配置。

```
loss {
  classification_loss {
    weighted_sigmoid {
    }
  }
  localization_loss {
    weighted_smooth_l1 {
    }
  }
  hard_example_miner {
    num_hard_examples:3000
    iou_threshold:0.99
    loss_type:CLASSIFICATION
    max_negatives_per_positive:3
    min_negatives_per_image:3
  }
  classification_weight:1.0
  localization_weight:1.0
}
normalize_loss_by_num_matches:true
post_processing {
  batch_non_max_suppression {
    score_threshold:1e-8
    iou_threshold:0.6
    max_detections_per_class:100
    max_total_detections:100
  }
  score_converter:SIGMOID
}
```

（6）训练集数据配置。batch_size 代表批处理每次迭代的数据量，initial_learning_rate 代表初始学习率，fine_tune_checkpoint 指向预训练模型文件，input_path 指向训练集的 tfrecord 文件，label_map_path 指向标签映射文件。

```
train_config:{
  batch_size:16
  sync_replicas:true
  startup_delay_steps:0
  replicas_to_aggregate:4
  optimizer {
```

```
rms_prop_optimizer:{
  learning_rate:{
    cosine_decay_learning_rate {
      learning_rate_base:.02
      total_steps:50000
      warmup_learning_rate:.002
      warmup_steps:2000
    }
  }
  momentum_optimizer_value:0.9
  decay:0.9
  epsilon:1.0
  }
}
fine_tune_checkpoint:"pretrain_models/zy_ptm_u6/model.ckpt"
fine_tune_checkpoint_type: "detection"
num_steps:2000
data_augmentation_options {
  random_horizontal_flip {
  }
}
data_augmentation_options {
  ssd_random_crop_fixed_aspect_ratio {
  }
}
}

train_input_reader:{
 tf_record_input_reader {
   input_path:"data/train.tfrecord"
 }
 label_map_path:"data/label_map.pbtxt"
}
```

（7）验证集数据配置。num_examples 代表验证集样本数量，input_path 指向验证集的 tfrecord 文件，label_map_path 指向标签映射文件。

```
eval_config:{
 num_examples:48
 max_evals:1
}
```

```
eval_input_reader:{
  tf_record_input_reader {
    input_path:"data/val.tfrecord"
  }
  label_map_path:"data/label_map.pbtxt"
  shuffle:false
  num_readers:1
}
```

训练模型配置文件 plate.config 完整内容如下：

```
model {
  ssd {
    num_classes:36
    box_coder {
      faster_rcnn_box_coder {
        y_scale:10.0
        x_scale:10.0
        height_scale:5.0
        width_scale:5.0
      }
    }
    matcher {
      argmax_matcher {
        matched_threshold:0.5
        unmatched_threshold:0.5
        ignore_thresholds:false
        negatives_lower_than_unmatched:true
        force_match_for_each_row:true
      }
    }
    similarity_calculator {
      iou_similarity {
      }
    }
    anchor_generator {
      ssd_anchor_generator {
        num_layers:6
        min_scale:0.2
        max_scale:0.95
```

```
      aspect_ratios:1.0
      aspect_ratios:2.0
      aspect_ratios:0.5
      aspect_ratios:3.0
      aspect_ratios:0.3333
    }
  }
  image_resizer {
    fixed_shape_resizer {
      height:320
      width:640
    }
  }
  box_predictor {
    convolutional_box_predictor {
      min_depth:0
      max_depth:0
      num_layers_before_predictor:0
      use_dropout:false
      dropout_keep_probability:0.8
      kernel_size:1
      box_code_size:4
      apply_sigmoid_to_scores:false
      conv_hyperparams {
        activation:RELU_6,
        regularizer {
          l2_regularizer {
            weight:0.00004
          }
        }
        initializer {
          truncated_normal_initializer {
            stddev:0.03
            mean:0.0
          }
        }
        batch_norm {
          train:true,
          scale:true,
```

```
            center:true,
            decay:0.9997,
            epsilon:0.001,
           }
         }
       }
     }
    feature_extractor {
      type:'ssd_mobilenet_v2'
      min_depth:16
      depth_multiplier:1.0
      use_explicit_padding:true
      conv_hyperparams {
        activation:RELU_6,
        regularizer {
          l2_regularizer {
            weight:0.00004
           }
         }
        initializer {
          truncated_normal_initializer {
            stddev:0.03
            mean:0.0
           }
         }
        batch_norm {
          train:true,
          scale:true,
          center:true,
          decay:0.9997,
          epsilon:0.001,
         }
       }
     }
    loss {
      classification_loss {
        weighted_sigmoid {
         }
       }
```

```
    localization_loss {
      weighted_smooth_l1 {
      }
    }
    hard_example_miner {
      num_hard_examples:3000
      iou_threshold:0.99
      loss_type:CLASSIFICATION
      max_negatives_per_positive:3
      min_negatives_per_image:3
    }
    classification_weight:1.0
    localization_weight:1.0
  }
  normalize_loss_by_num_matches:true
  post_processing {
    batch_non_max_suppression {
      score_threshold:1e-8
      iou_threshold:0.6
      max_detections_per_class:100
      max_total_detections:100
    }
    score_converter:SIGMOID
  }
 }
}

train_config:{
  batch_size:16
  sync_replicas:true
  startup_delay_steps:0
  replicas_to_aggregate:4
  optimizer {
    rms_prop_optimizer:{
      learning_rate:{
        cosine_decay_learning_rate {
          learning_rate_base:.02
          total_steps:50000
          warmup_learning_rate:.002
```

```
        warmup_steps:2000
      }
    }
    momentum_optimizer_value:0.9
    decay:0.9
    epsilon:1.0
  }
}
fine_tune_checkpoint:"pretrain_models/zy_ptm_u6/model.ckpt"
fine_tune_checkpoint_type: "detection"
num_steps:2000
data_augmentation_options {
  random_horizontal_flip {
  }
}
data_augmentation_options {
  ssd_random_crop_fixed_aspect_ratio {
  }
}
}

train_input_reader:{
  tf_record_input_reader {
    input_path:"data/train.tfrecord"
  }
  label_map_path:"data/label_map.pbtxt"
}

eval_config:{
  num_examples:48
  max_evals:1
}

eval_input_reader:{
  tf_record_input_reader {
    input_path:"data/val.tfrecord"
  }
  label_map_path:"data/label_map.pbtxt"
  shuffle:false
```

```
    num_readers:1
}
```

步骤 3　创建训练程序

在开发环境中打开/home/student/projects/unit6/目录，创建训练程序 train.py。
（1）导入训练所需模块和函数。

```
import functools
import json
import os
import tensorflow as tf
from object_detection.builders import dataset_builder
from object_detection.builders import graph_rewriter_builder
from object_detection.builders import model_builder
from object_detection.legacy import trainer
from object_detection.utils import config_util
```

（2）定义输入参数。

```
os.environ["TF_CPP_MIN_LOG_LEVEL"] = '3'
tf.logging.set_verbosity(tf.logging.INFO)
flags = tf.app.flags
flags.DEFINE_string('master', '', '')
flags.DEFINE_integer('task', 0,'task id')
flags.DEFINE_integer('num_clones', 1,'')
flags.DEFINE_boolean('clone_on_cpu', False,'')
flags.DEFINE_integer('worker_replicas', 1,'')
flags.DEFINE_integer('ps_tasks', 0,'')
flags.DEFINE_string('train_dir', '', 'Directory to save the checkpoints and training summaries.')
flags.DEFINE_string('pipeline_config_path', '', 'Path to a pipeline config.')
flags.DEFINE_string('train_config_path', '', 'Path to a train_pb2.TrainConfig.')
flags.DEFINE_string('input_config_path', '', 'Path to an input_reader_pb2.InputReader.')
flags.DEFINE_string('model_config_path', '', 'Path to a model_pb2.DetectionModel.')
FLAGS = flags.FLAGS
```

（3）训练主函数：加载模型配置。

```
@tf.contrib.framework.deprecated(None,'Use object_detection/model_main.py.')
def main(_):
  assert FLAGS.train_dir,'`train_dir` is missing.'
  if FLAGS.task == 0:tf.gfile.MakeDirs(FLAGS.train_dir)
  if FLAGS.pipeline_config_path:
    configs = config_util.get_configs_from_pipeline_file(
      FLAGS.pipeline_config_path)
```

```
  if FLAGS.task == 0:
    tf.gfile.Copy(FLAGS.pipeline_config_path,
              os.path.join(FLAGS.train_dir,'pipeline.config'),
              overwrite=True)
else:
  configs = config_util.get_configs_from_multiple_files(
      model_config_path=FLAGS.model_config_path,
      train_config_path=FLAGS.train_config_path,
      train_input_config_path=FLAGS.input_config_path)
  if FLAGS.task == 0:
    for name,config in [('model.config', FLAGS.model_config_path),
                  ('train.config', FLAGS.train_config_path),
                  ('input.config', FLAGS.input_config_path)]:
      tf.gfile.Copy(config,os.path.join(FLAGS.train_dir,name),
              overwrite=True)


model_config = configs['model']
train_config = configs['train_config']
input_config = configs['train_input_config']
model_fn = functools.partial(
    model_builder.build,
    model_config=model_config,
    is_training=True)
```

（4）训练主函数：设计模型线程和迭代循环。

```
def get_next(config):
  return dataset_builder.make_initializable_iterator(
      dataset_builder.build(config)).get_next()


create_input_dict_fn = functools.partial(get_next,input_config)


env = json.loads(os.environ.get('TF_CONFIG', '{}'))
cluster_data = env.get('cluster', None)
cluster = tf.train.ClusterSpec(cluster_data)if cluster_data else None
task_data = env.get('task', None)or {'type': 'master', 'index': 0}
task_info = type('TaskSpec', (object,),task_data)


ps_tasks = 0
worker_replicas = 1
worker_job_name = 'lonely_worker'
```

```
task = 0
is_chief = True
master = ''

if cluster_data and 'worker' in cluster_data:
  worker_replicas = len(cluster_data['worker'])+ 1
if cluster_data and 'ps' in cluster_data:
  ps_tasks = len(cluster_data['ps'])

if worker_replicas > 1 and ps_tasks < 1:
  raise ValueError('At least 1 ps task is needed for distributed training.')

if worker_replicas >= 1 and ps_tasks > 0:
  server = tf.train.Server(tf.train.ClusterSpec(cluster),protocol='grpc',
               job_name=task_info.type,
               task_index=task_info.index)
  if task_info.type == 'ps':
    server.join()
    return
  worker_job_name = '%s/task:%d' %(task_info.type,task_info.index)
  task = task_info.index
  is_chief =(task_info.type == 'master')
  master = server.target
```

（5）训练主函数：记录训练日志，配置训练函数参数。

```
graph_rewriter_fn = None
if 'graph_rewriter_config' in configs:
  graph_rewriter_fn = graph_rewriter_builder.build(
    configs['graph_rewriter_config'],is_training=True)

trainer.train(
  create_input_dict_fn,
  model_fn,
  train_config,
  master,
  task,
  FLAGS.num_clones,
  worker_replicas,
  FLAGS.clone_on_cpu,
  ps_tasks,
```

```
        worker_job_name,
        is_chief,
        FLAGS.train_dir,
        graph_hook_fn=graph_rewriter_fn)
  print("模型训练完成!")
```

训练程序 train.py 文件完整内容如下:

```python
# train.py
import functools
import json
import os
import tensorflow as tf
from object_detection.builders import dataset_builder
from object_detection.builders import graph_rewriter_builder
from object_detection.builders import model_builder
from object_detection.legacy import trainer
from object_detection.utils import config_util


os.environ["TF_CPP_MIN_LOG_LEVEL"] = '3'
tf.logging.set_verbosity(tf.logging.INFO)


flags = tf.app.flags
flags.DEFINE_string('master', '', '')
flags.DEFINE_integer('task', 0,'task id')
flags.DEFINE_integer('num_clones', 1,'')
flags.DEFINE_boolean('clone_on_cpu', False,'')
flags.DEFINE_integer('worker_replicas', 1,'')
flags.DEFINE_integer('ps_tasks', 0,'')
flags.DEFINE_string('train_dir', '', 'Directory to save the checkpoints and training summaries.')
flags.DEFINE_string('pipeline_config_path', '', 'Path to a pipeline config.')
flags.DEFINE_string('train_config_path', '', 'Path to a train_pb2.TrainConfig.')
flags.DEFINE_string('input_config_path', '', 'Path to an input_reader_pb2.InputReader.')
flags.DEFINE_string('model_config_path', '', 'Path to a model_pb2.DetectionModel.')
FLAGS = flags.FLAGS


@tf.contrib.framework.deprecated(None,'Use object_detection/model_main.py.')
def main(_):
  assert FLAGS.train_dir,'`train_dir` is missing.'
  if FLAGS.task == 0:tf.gfile.MakeDirs(FLAGS.train_dir)
```

```python
if FLAGS.pipeline_config_path:
  configs = config_util.get_configs_from_pipeline_file(
    FLAGS.pipeline_config_path)
  if FLAGS.task == 0:
    tf.gfile.Copy(FLAGS.pipeline_config_path,
              os.path.join(FLAGS.train_dir,'pipeline.config'),
              overwrite=True)
else:
  configs = config_util.get_configs_from_multiple_files(
    model_config_path=FLAGS.model_config_path,
    train_config_path=FLAGS.train_config_path,
    train_input_config_path=FLAGS.input_config_path)
  if FLAGS.task == 0:
    for name,config in [('model.config', FLAGS.model_config_path),
                ('train.config', FLAGS.train_config_path),
                ('input.config', FLAGS.input_config_path)]:
      tf.gfile.Copy(config,os.path.join(FLAGS.train_dir,name),
              overwrite=True)

model_config = configs['model']
train_config = configs['train_config']
input_config = configs['train_input_config']

model_fn = functools.partial(
  model_builder.build,
  model_config=model_config,
  is_training=True)

def get_next(config):
  return dataset_builder.make_initializable_iterator(
    dataset_builder.build(config)).get_next()

create_input_dict_fn = functools.partial(get_next,input_config)

env = json.loads(os.environ.get('TF_CONFIG', '{}'))
cluster_data = env.get('cluster', None)
cluster = tf.train.ClusterSpec(cluster_data)if cluster_data else None
task_data = env.get('task', None)or {'type': 'master', 'index': 0}
task_info = type('TaskSpec', (object,),task_data)
```

```
ps_tasks = 0
worker_replicas = 1
worker_job_name = 'lonely_worker'
task = 0
is_chief = True
master = ''

if cluster_data and 'worker' in cluster_data:
  worker_replicas = len(cluster_data['worker'])+ 1
if cluster_data and 'ps' in cluster_data:
  ps_tasks = len(cluster_data['ps'])

if worker_replicas > 1 and ps_tasks < 1:
  raise ValueError('At least 1 ps task is needed for distributed training.')

if worker_replicas >= 1 and ps_tasks > 0:
  server = tf.train.Server(tf.train.ClusterSpec(cluster),protocol='grpc',
                 job_name=task_info.type,
                 task_index=task_info.index)
  if task_info.type == 'ps':
    server.join()
    return

  worker_job_name = '%s/task:%d' %(task_info.type,task_info.index)
  task = task_info.index
  is_chief =(task_info.type == 'master')
  master = server.target

graph_rewriter_fn = None
if 'graph_rewriter_config' in configs:
  graph_rewriter_fn = graph_rewriter_builder.build(
    configs['graph_rewriter_config'],is_training=True)
trainer.train(
  create_input_dict_fn,
  model_fn,
  train_config,
  master,
  task,
```

```
        FLAGS.num_clones,
        worker_replicas,
        FLAGS.clone_on_cpu,
        ps_tasks,
        worker_job_name,
        is_chief,
        FLAGS.train_dir,
        graph_hook_fn=graph_rewriter_fn)
    print("模型训练完成!")
if __name__ == '__main__':
    tf.app.run()
```

步骤4 训练模型

运行训练 train.py 程序，读取配置文件 plate.config 中定义的训练模型、训练参数、数据集，把训练日志和检查点保存到 checkpoint 目录中，如图 7.14 所示。

```
$ conda activate unit6
$ python train.py --logtostderr --train_dir checkpoint --pipeline_config_path data/plate.config
```

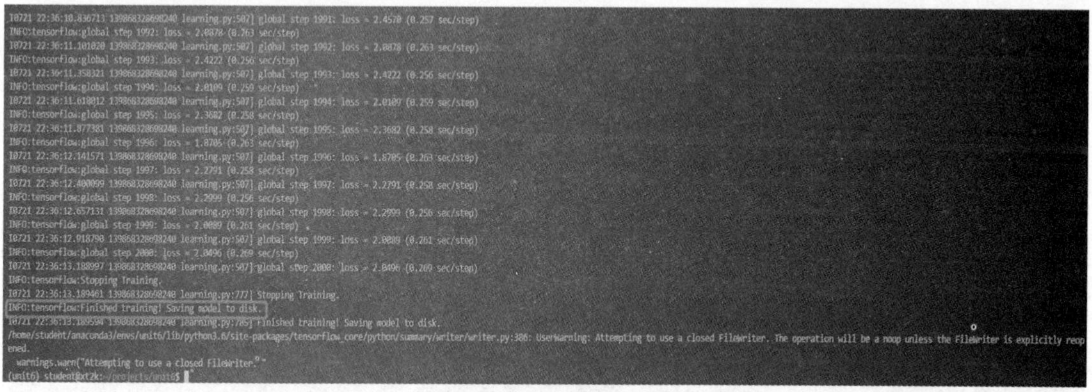

图 7.14 训练模型

步骤5 可视化训练过程

在训练过程中打开 TensorBoard 可以查看训练日志，如图 7.15 所示。训练日志中记录了模型分类损失、回归损失和总损失量的变化，通过 Losses 选项中的图表可以看到训练过程中的损失在不断变化，越到后面损失越小，说明模型对训练数据的拟合度越来越高。注意：需要把地址换成对应的数据处理服务器地址，然后在浏览器中输入对应地址和端口号进行查看。

```
$ tensorboard --host 172.16.33.11 --port 8889 --logdir checkpoint/
```

图 7.15　可视化训练过程

步骤 6　查看训练结果

进入 checkpoint 子目录，可以看到生成了多组模型文件，如图 7.16 所示。
model.ckpt-××××.meta 文件：保存了计算图，也就是神经网络的结构。
model.ckpt-××××.data-×××× 文件：保存了模型的变量。
model.ckpt-××××.index 文件：保存了神经网络索引映射文件。

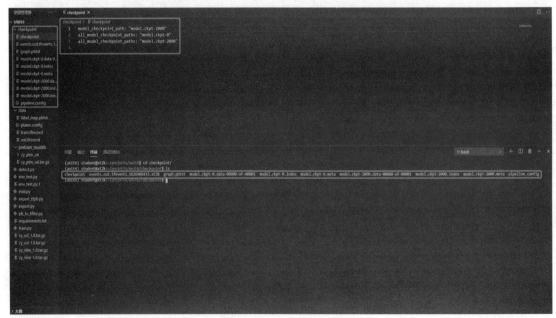

图 7.16　查看训练结果

本任务我们根据算法团队提供的算法模型，配置了训练模型参数，对已标注的数据集进行了训练，得到了训练后的多组模型文件。后面我们将对训练后的模型进行评估，判断其可用性。

任务5　车牌识别模型评估

对训练模型进行评估，判断模型的可用性。

步骤1　创建评估程序

在开发环境中打开/home/student/projects/unit6/目录，创建评估程序 eval.py。

（1）导入模型所需模块，定义输入参数。

```
import functools
import os
import tensorflow as tf
from object_detection.builders import dataset_builder
from object_detection.builders import graph_rewriter_builder
from object_detection.builders import model_builder
from object_detection.legacy import evaluator
from object_detection.utils import config_util
from object_detection.utils import label_map_util

os.environ["TF_CPP_MIN_LOG_LEVEL"] = '3'
tf.compat.v1.logging.set_verbosity(tf.compat.v1.logging.ERROR)
flags = tf.app.flags
flags.DEFINE_boolean('eval_training_data', False,'')
flags.DEFINE_string('checkpoint_dir', '', '')
flags.DEFINE_string('eval_dir', '', 'Directory to write eval summaries.')
flags.DEFINE_string('pipeline_config_path', '', 'Path to a pipeline config.')
flags.DEFINE_string('eval_config_path', '', '')
flags.DEFINE_string('input_config_path', '', '')
flags.DEFINE_string('model_config_path', '', '')
flags.DEFINE_boolean('run_once', False,'')
FLAGS = flags.FLAGS
```

（2）评估主函数：加载模型配置。

```
@tf.contrib.framework.deprecated(None,'Use object_detection/model_main.py.')
def main(unused_argv):
  assert FLAGS.checkpoint_dir,'`checkpoint_dir` is missing.'
  assert FLAGS.eval_dir,'`eval_dir` is missing.'
  tf.gfile.MakeDirs(FLAGS.eval_dir)
  if FLAGS.pipeline_config_path:
    configs = config_util.get_configs_from_pipeline_file(
        FLAGS.pipeline_config_path)
    tf.gfile.Copy(
        FLAGS.pipeline_config_path,
        os.path.join(FLAGS.eval_dir,'pipeline.config'),
        overwrite=True)
  else:
    configs = config_util.get_configs_from_multiple_files(
        model_config_path=FLAGS.model_config_path,
        eval_config_path=FLAGS.eval_config_path,
        eval_input_config_path=FLAGS.input_config_path)
    for name,config in [('model.config', FLAGS.model_config_path),
                ('eval.config', FLAGS.eval_config_path),
                ('input.config', FLAGS.input_config_path)]:
      tf.gfile.Copy(config,os.path.join(FLAGS.eval_dir,name),overwrite=True)

  model_config = configs['model']
  eval_config = configs['eval_config']
  input_config = configs['eval_input_config']
  if FLAGS.eval_training_data:
    input_config = configs['train_input_config']

  model_fn = functools.partial(
      model_builder.build,model_config=model_config,is_training=False)
```

（3）评估主函数：定义评估循环，并记录评估日志。

```
  def get_next(config):
    return dataset_builder.make_initializable_iterator(
        dataset_builder.build(config)).get_next()

  create_input_dict_fn = functools.partial(get_next,input_config)

  categories = label_map_util.create_categories_from_labelmap(
```

```
            input_config.label_map_path)

    if FLAGS.run_once:
      eval_config.max_evals = 1

    graph_rewriter_fn = None
    if 'graph_rewriter_config' in configs:
      graph_rewriter_fn = graph_rewriter_builder.build(
          configs['graph_rewriter_config'],is_training=False)
```

（4）评估主函数：配置评估函数参数。

```
    evaluator.evaluate(
        create_input_dict_fn,
        model_fn,
        eval_config,
        categories,
        FLAGS.checkpoint_dir,
        FLAGS.eval_dir,
        graph_hook_fn=graph_rewriter_fn)
    print("模型评估完成!")
```

评估程序 eval.py 文件完整内容如下：

```
# eval.py
import functools
import os
import tensorflow as tf
from object_detection.builders import dataset_builder
from object_detection.builders import graph_rewriter_builder
from object_detection.builders import model_builder
from object_detection.legacy import evaluator
from object_detection.utils import config_util
from object_detection.utils import label_map_util


os.environ["TF_CPP_MIN_LOG_LEVEL"] = '3'
tf.compat.v1.logging.set_verbosity(tf.compat.v1.logging.ERROR)
flags = tf.app.flags
flags.DEFINE_boolean('eval_training_data', False,'')
flags.DEFINE_string('checkpoint_dir', '', '')
flags.DEFINE_string('eval_dir', '', 'Directory to write eval summaries.')
flags.DEFINE_string('pipeline_config_path', '', 'Path to a pipeline config.')
```

```python
flags.DEFINE_string('eval_config_path', '', '')
flags.DEFINE_string('input_config_path', '', '')
flags.DEFINE_string('model_config_path', '', '')
flags.DEFINE_boolean('run_once', False,'')
FLAGS = flags.FLAGS


@tf.contrib.framework.deprecated(None,'Use object_detection/model_main.py.')
def main(unused_argv):
  assert FLAGS.checkpoint_dir,'`checkpoint_dir` is missing.'
  assert FLAGS.eval_dir,'`eval_dir` is missing.'
  tf.gfile.MakeDirs(FLAGS.eval_dir)
  if FLAGS.pipeline_config_path:
    configs = config_util.get_configs_from_pipeline_file(
        FLAGS.pipeline_config_path)
    tf.gfile.Copy(
        FLAGS.pipeline_config_path,
        os.path.join(FLAGS.eval_dir,'pipeline.config'),
        overwrite=True)
  else:
    configs = config_util.get_configs_from_multiple_files(
        model_config_path=FLAGS.model_config_path,
        eval_config_path=FLAGS.eval_config_path,
        eval_input_config_path=FLAGS.input_config_path)
    for name,config in [('model.config', FLAGS.model_config_path),
                ('eval.config', FLAGS.eval_config_path),
                ('input.config', FLAGS.input_config_path)]:
      tf.gfile.Copy(config,os.path.join(FLAGS.eval_dir,name),overwrite=True)

  model_config = configs['model']
  eval_config = configs['eval_config']
  input_config = configs['eval_input_config']
  if FLAGS.eval_training_data:
    input_config = configs['train_input_config']

  model_fn = functools.partial(
      model_builder.build,model_config=model_config,is_training=False)

  def get_next(config):
```

```python
    return dataset_builder.make_initializable_iterator(
        dataset_builder.build(config)).get_next()

  create_input_dict_fn = functools.partial(get_next,input_config)

  categories = label_map_util.create_categories_from_labelmap(
      input_config.label_map_path)

  if FLAGS.run_once:
    eval_config.max_evals = 1

  graph_rewriter_fn = None
  if 'graph_rewriter_config' in configs:
    graph_rewriter_fn = graph_rewriter_builder.build(
        configs['graph_rewriter_config'],is_training=False)

  evaluator.evaluate(
      create_input_dict_fn,
      model_fn,
      eval_config,
      categories,
      FLAGS.checkpoint_dir,
      FLAGS.eval_dir,
      graph_hook_fn=graph_rewriter_fn)
  print("模型评估完成!")


if __name__ == '__main__':
  tf.app.run()
```

步骤 2   评估模型

运行评估 eval.py 程序，读取配置文件 plate.config 中定义的训练模型、训练参数、数据集，读取 checkpoint 目录中的训练结果，把评估结果保存到 evaluation 目录中。

```
$ conda activate unit6
$ python eval.py --logtostderr --checkpoint_dir checkpoint --eval_dir evaluation --pipeline_config_path data/plate.config
```

在评估过程中，可以看到对不同类别的评估结果，如图 7.17 所示。

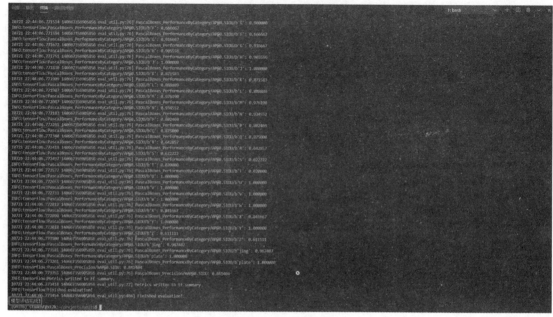

图 7.17　评估模型

步骤 3　查看评估结果

利用 TensorBoard 工具查看评估结果。注意：需要把地址换成对应的数据处理服务器地址，然后在浏览器中输入对应地址和端口号查看。

```
$ tensorboard --host 172.16.33.11 --port 8889 --logdir evaluation/
```

步骤 4　分析模型可用性

在浏览器中查看各类别的平均精确度（AP）值，越接近 1 则说明模型的可用性越高。此时图上显示，step 是 2k，说明这个模型是训练到 2000 步时保存下来的，对应 model.ckpt-2000 训练模型，如图 7.18 所示。

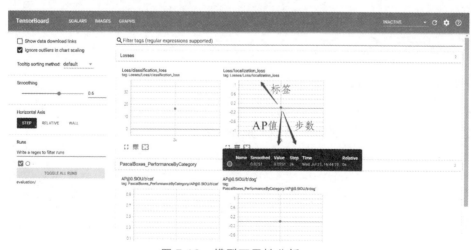

图 7.18　模型可用性分析

TensorBoard 是 Tensorflow 内置的一个可视化工具，它通过将 Tensorflow 程序输出的日志文件的信息可视化，使得 tensorflow 程序的理解、调试和优化更加简单、高效。本任务通过对模型的评估，我们得到了训练过程中实用性较强的一组模型，后续将对此模型导出冻结图和进行测试。

任务 6 车牌识别模型测试

【任务目标】

将已经评估为可用性较强的模型，导出为可测试的冻结图模型，用测试数据进行测试。

【任务操作】

步骤 1 创建导出程序

在开发环境中打开/home/student/projects/unit6/目录，创建导出程序 export_fz.py。

（1）导入模型转换模块，定义输入参数。

```
import os
import tensorflow as tf
from google.protobuf import text_format
from object_detection import exporter
from object_detection.protos import pipeline_pb2

os.environ["TF_CPP_MIN_LOG_LEVEL"] = '3'
tf.compat.v1.logging.set_verbosity(tf.compat.v1.logging.ERROR)
slim = tf.contrib.slim
flags = tf.app.flags

flags.DEFINE_string('input_type', 'image_tensor', '')
flags.DEFINE_string('input_shape', None,'[None,None,None,3]')
flags.DEFINE_string('pipeline_config_path', None,'Path to a pipeline config.')
flags.DEFINE_string('trained_checkpoint_prefix', None,'path/to/model.ckpt')
flags.DEFINE_string('output_directory', None,'Path to write outputs.')
flags.DEFINE_string('config_override', '', '')
flags.DEFINE_boolean('write_inference_graph', False,'')
tf.app.flags.mark_flag_as_required('pipeline_config_path')
tf.app.flags.mark_flag_as_required('trained_checkpoint_prefix')
```

```python
tf.app.flags.mark_flag_as_required('output_directory')
FLAGS = flags.FLAGS
```

（2）转换模型主函数，调用模型转换函数。

```python
def main(_):
  pipeline_config = pipeline_pb2.TrainEvalPipelineConfig()
  with tf.gfile.GFile(FLAGS.pipeline_config_path,'r')as f:
    text_format.Merge(f.read(),pipeline_config)
  text_format.Merge(FLAGS.config_override,pipeline_config)
  if FLAGS.input_shape:
    input_shape = [
        int(dim)if dim != '-1' else None
        for dim in FLAGS.input_shape.split(',')
    ]
  else:
    input_shape = None
  exporter.export_inference_graph(
      FLAGS.input_type,pipeline_config,FLAGS.trained_checkpoint_prefix,
      FLAGS.output_directory,input_shape=input_shape,
      write_inference_graph=FLAGS.write_inference_graph)
  print("模型转换完成!")
```

导出程序 export_fz.py 文件完整内容如下：

```python
# export_fz.py
import os
import tensorflow as tf
from google.protobuf import text_format
from object_detection import exporter
from object_detection.protos import pipeline_pb2

os.environ["TF_CPP_MIN_LOG_LEVEL"] = '3'
tf.compat.v1.logging.set_verbosity(tf.compat.v1.logging.ERROR)
slim = tf.contrib.slim
flags = tf.app.flags

flags.DEFINE_string('input_type', 'image_tensor', '')
flags.DEFINE_string('input_shape', None,'[None,None,None,3]')
flags.DEFINE_string('pipeline_config_path', None,'Path to a pipeline config.')
flags.DEFINE_string('trained_checkpoint_prefix', None,'path/to/model.ckpt')
flags.DEFINE_string('output_directory', None,'Path to write outputs.')
```

```python
flags.DEFINE_string('config_override', '', '')
flags.DEFINE_boolean('write_inference_graph', False,'')
tf.app.flags.mark_flag_as_required('pipeline_config_path')
tf.app.flags.mark_flag_as_required('trained_checkpoint_prefix')
tf.app.flags.mark_flag_as_required('output_directory')
FLAGS = flags.FLAGS


def main(_):
  pipeline_config = pipeline_pb2.TrainEvalPipelineConfig()
  with tf.gfile.GFile(FLAGS.pipeline_config_path,'r')as f:
    text_format.Merge(f.read(),pipeline_config)
  text_format.Merge(FLAGS.config_override,pipeline_config)
  if FLAGS.input_shape:
    input_shape = [
        int(dim)if dim != '-1' else None
        for dim in FLAGS.input_shape.split(',')
    ]
  else:
    input_shape = None
  exporter.export_inference_graph(
      FLAGS.input_type,pipeline_config,FLAGS.trained_checkpoint_prefix,
      FLAGS.output_directory,input_shape=input_shape,
      write_inference_graph=FLAGS.write_inference_graph)
  print("模型转换完成!")


if __name__ == '__main__':
  tf.app.run()
```

步骤 2　导出冻结图模型

运行导出程序 export_fz.py，读取配置文件 plate.config 中定义的配置，读取 checkpoint 目录中的 model.ckpt-2000 训练模型，导出为冻结图模型，保存到 frozen_models 目录中，如图 7.19 所示。

```
$ conda activate unit6
$ python export_fz.py --input_type image_tensor --pipeline_config_path data/plate.config --trained_checkpoint_prefix checkpoint/model.ckpt-2000 --output_directory frozen_models
```

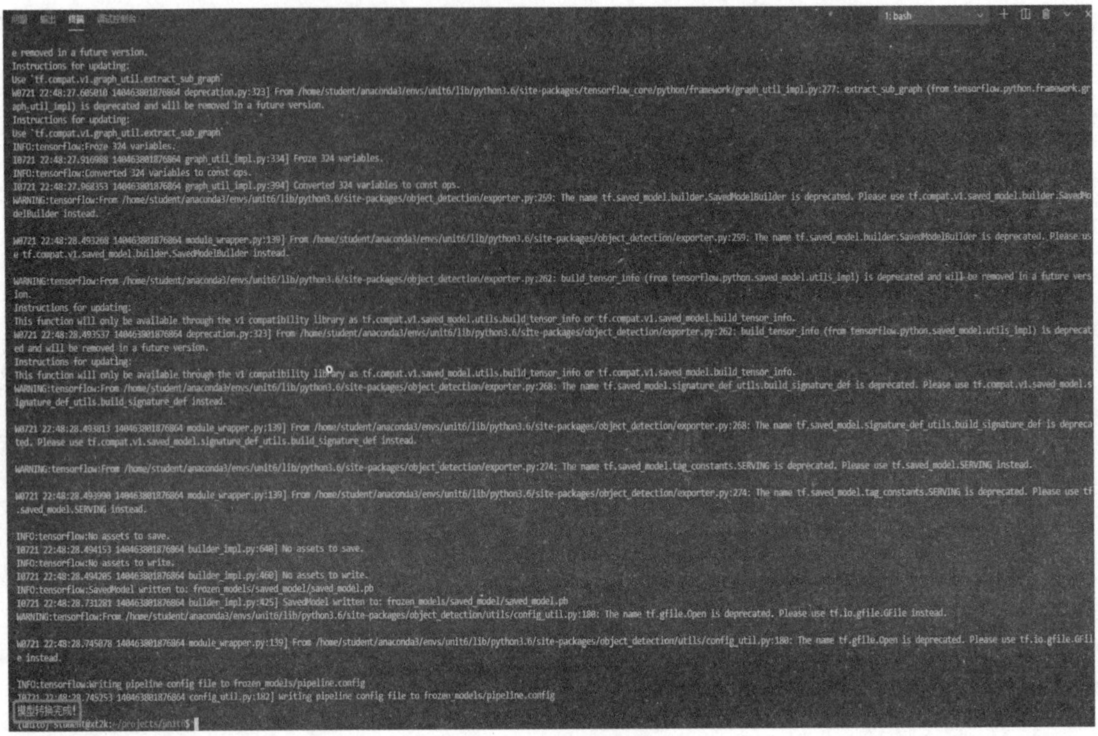

图 7.19　导出模型

步骤 3　创建测试程序

在开发环境中打开/home/student/projects/unit6/目录，创建测试程序 detect.py。

（1）导入测试所需模块和可视化函数，定义输入参数。

```python
import numpy as np
import os
import tensorflow as tf
import matplotlib.pyplot as plt
from PIL import Image
from object_detection.utils import label_map_util
from object_detection.utils import visualization_utils as vis_util
from object_detection.utils import ops as utils_ops


os.environ["TF_CPP_MIN_LOG_LEVEL"] = '3'
tf.compat.v1.logging.set_verbosity(tf.compat.v1.logging.ERROR)
detect_img = '/home/student/data/person/test/152.jpg'
result_img = '/home/student/projects/unit4/img/152_result.jpg'
MODEL_NAME = 'frozen_models'
PATH_TO_FROZEN_GRAPH = MODEL_NAME + '/frozen_inference_graph.pb'
PATH_TO_LABELS = 'data/label_map.pbtxt'
```

（2）加载模型计算图和数据标签。

```
detection_graph = tf.Graph()
with detection_graph.as_default():
    od_graph_def = tf.compat.v1.GraphDef()
    with tf.io.gfile.GFile(PATH_TO_FROZEN_GRAPH,'rb')as fid:
        serialized_graph = fid.read()
        od_graph_def.ParseFromString(serialized_graph)
        tf.import_graph_def(od_graph_def,name='')
category_index = label_map_util.create_category_index_from_labelmap(PATH_TO_LABELS,
use_display_name=True)
```

（3）图片数据转换函数。

```
def load_image_into_numpy_array(image):
    (im_width,im_height)= image.size
    return np.array(image.getdata()).reshape((im_height,im_width,3)).astype(np.uint8)
```

（4）单张图像检测函数。

```
def run_inference_for_single_image(image,graph):
    with graph.as_default():
        with tf.compat.v1.Session()as sess:
            ops = tf.compat.v1.get_default_graph().get_operations()
            all_tensor_names = {output.name for op in ops for output in op.outputs}
            tensor_dict = {}
            for key in ['num_detections', 'detection_boxes', 'detection_scores',
                'detection_classes', 'detection_masks']:
                tensor_name = key + ':0'
                if tensor_name in all_tensor_names:
                    tensor_dict[key] = tf.compat.v1.get_default_graph().get_tensor_by_name
(tensor_name)
                if 'detection_masks' in tensor_dict:
                    detection_boxes = tf.squeeze(tensor_dict['detection_boxes'],[0])
                    detection_masks = tf.squeeze(tensor_dict['detection_masks'],[0])
                    real_num_detection = tf.cast(tensor_dict['num_detections'][0],tf.int32)
                    detection_boxes = tf.slice(detection_boxes,[0,0],[real_num_detection,-1])
                    detection_masks = tf.slice(detection_masks,[0,0,0],[real_num_detection,-1,-1])
                    detection_masks_reframed = utils_ops.reframe_box_masks_to_image_masks(
                        detection_masks,detection_boxes,image.shape[1],image.shape[2])
                    detection_masks_reframed = tf.cast(tf.greater(detection_masks_reframed,0.5),
tf.uint8)
                    tensor_dict['detection_masks'] = tf.expand_dims(detection_masks_reframed,0)
                image_tensor                                                                    =
```

```
tf.compat.v1.get_default_graph().get_tensor_by_name('image_tensor:0')

        output_dict = sess.run(tensor_dict,feed_dict={image_tensor:image})

        output_dict['num_detections'] = int(output_dict['num_detections'][0])
        output_dict['detection_classes'] = output_dict['detection_classes'][0].astype(np.int64)
        output_dict['detection_boxes'] = output_dict['detection_boxes'][0]
        output_dict['detection_scores'] = output_dict['detection_scores'][0]
        if 'detection_masks' in output_dict:
            output_dict['detection_masks'] = output_dict['detection_masks'][0]
    return output_dict
```

（5）输入图片数据，检测输入数据，保存检测结果。

```
image = Image.open(detect_img)
image_np = load_image_into_numpy_array(image)
# [1,None,None,3]
image_np_expanded = np.expand_dims(image_np,axis=0)
output_dict = run_inference_for_single_image(image_np_expanded,detection_graph)
vis_util.visualize_boxes_and_labels_on_image_array(
    image_np,
    output_dict['detection_boxes'],
    output_dict['detection_classes'],
    output_dict['detection_scores'],
    category_index,
    instance_masks=output_dict.get('detection_masks'),
    use_normalized_coordinates=True,
    line_thickness=6)
plt.figure()
plt.axis('off')
plt.imshow(image_np)
plt.savefig(result_img,bbox_inches='tight', pad_inches=0)
print("测试%s 完成,结果保存在%s" % (detect_img,result_img))
```

测试程序 detect.py 文件完整内容如下：

```
#detect.py
import numpy as np
import os
import tensorflow as tf
import matplotlib.pyplot as plt
from PIL import Image
from object_detection.utils import label_map_util
```

```python
from object_detection.utils import visualization_utils as vis_util
from object_detection.utils import ops as utils_ops

os.environ["TF_CPP_MIN_LOG_LEVEL"] = '3'
tf.compat.v1.logging.set_verbosity(tf.compat.v1.logging.ERROR)
detect_img = '/home/student/data/plate/test/152.jpg'
result_img = '/home/student/projects/unit6/img/152_result.jpg'
MODEL_NAME = 'frozen_models'
PATH_TO_FROZEN_GRAPH = MODEL_NAME + '/frozen_inference_graph.pb'
PATH_TO_LABELS = 'data/label_map.pbtxt'


detection_graph = tf.Graph()
with detection_graph.as_default():
    od_graph_def = tf.compat.v1.GraphDef()
    with tf.io.gfile.GFile(PATH_TO_FROZEN_GRAPH,'rb')as fid:
        serialized_graph = fid.read()
        od_graph_def.ParseFromString(serialized_graph)
        tf.import_graph_def(od_graph_def,name='')
category_index = label_map_util.create_category_index_from_labelmap(PATH_TO_LABELS,
use_display_name=True)


def load_image_into_numpy_array(image):
    (im_width,im_height)= image.size
    return np.array(image.getdata()).reshape((im_height,im_width,3)).astype(np.uint8)


def run_inference_for_single_image(image,graph):
    with graph.as_default():
        with tf.compat.v1.Session()as sess:
            ops = tf.compat.v1.get_default_graph().get_operations()
            all_tensor_names = {output.name for op in ops for output in op.outputs}
            tensor_dict = {}
            for key in ['num_detections', 'detection_boxes', 'detection_scores',
                'detection_classes', 'detection_masks']:
                tensor_name = key + ':0'
                if tensor_name in all_tensor_names:
                    tensor_dict[key]                                           =
```

```python
tf.compat.v1.get_default_graph().get_tensor_by_name(tensor_name)
        if 'detection_masks' in tensor_dict:
            detection_boxes = tf.squeeze(tensor_dict['detection_boxes'],[0])
            detection_masks = tf.squeeze(tensor_dict['detection_masks'],[0])
            real_num_detection = tf.cast(tensor_dict['num_detections'][0],tf.int32)
            detection_boxes = tf.slice(detection_boxes,[0,0],[real_num_detection,-1])
            detection_masks = tf.slice(detection_masks,[0,0,0],[real_num_detection,-1,-1])
            detection_masks_reframed = utils_ops.reframe_box_masks_to_image_masks(
                detection_masks,detection_boxes,image.shape[1],image.shape[2])
            detection_masks_reframed = tf.cast(tf.greater(detection_masks_reframed,0.5),
tf.uint8)
            tensor_dict['detection_masks'] = tf.expand_dims(detection_masks_reframed,0)
        image_tensor = tf.compat.v1.get_default_graph().get_tensor_by_name('image_tensor:0')

        output_dict = sess.run(tensor_dict,feed_dict={image_tensor:image})

        output_dict['num_detections'] = int(output_dict['num_detections'][0])
        output_dict['detection_classes'] = output_dict['detection_classes'][0].astype(np.int64)
        output_dict['detection_boxes'] = output_dict['detection_boxes'][0]
        output_dict['detection_scores'] = output_dict['detection_scores'][0]
        if 'detection_masks' in output_dict:
            output_dict['detection_masks'] = output_dict['detection_masks'][0]
    return output_dict


image = Image.open(detect_img)
image_np = load_image_into_numpy_array(image)
# [1,None,None,3]
image_np_expanded = np.expand_dims(image_np,axis=0)
output_dict = run_inference_for_single_image(image_np_expanded,detection_graph)
vis_util.visualize_boxes_and_labels_on_image_array(
    image_np,
    output_dict['detection_boxes'],
    output_dict['detection_classes'],
    output_dict['detection_scores'],
    category_index,
    instance_masks=output_dict.get('detection_masks'),
    use_normalized_coordinates=True,
    line_thickness=6)
plt.figure()
```

```
plt.axis('off')
plt.imshow(image_np)
plt.savefig(result_img,bbox_inches='tight', pad_inches=0)
print("测试%s 完成,结果保存在%s" % (detect_img,result_img))
```

步骤 4 测试并查看结果

创建 img 目录存放测试结果，运行测试文件 detect.py 程序，并查看结果，如图 7.20 所示。

```
$ mkdir img
$ python detect.py
```

图 7.20 测试结果

【任务小结】

为了将训练好的模型部署到目标平台，我们通常先将模型导出为标准格式的文件，再在目标平台上使用对应的工具来完成应用的部署。本任务我们把可用性较强的模型导出为冻结图模型，下一步把这个模型部署到边缘计算设备上。

任务 7　车牌识别模型部署

【任务目标】

将经过测试确认可用的模型，转换成标准格式的模型文件，部署到边缘计算设备上。

步骤 1　创建导出程序

在开发环境中打开/home/student/projects/unit6/目录，创建程序 export_pb.py。

（1）导入模型转换模块，定义输入参数。

```
import os
import tensorflow as tf
from google.protobuf import text_format
from object_detection import export_tflite_ssd_graph_lib
from object_detection.protos import pipeline_pb2

os.environ["TF_CPP_MIN_LOG_LEVEL"] = '3'
tf.compat.v1.logging.set_verbosity(tf.compat.v1.logging.ERROR)
flags = tf.app.flags
flags.DEFINE_string('output_directory', None,'Path to write outputs.')
flags.DEFINE_string('pipeline_config_path', None,'')
flags.DEFINE_string('trained_checkpoint_prefix', None,'Checkpoint prefix.')
flags.DEFINE_integer('max_detections', 10,'')
flags.DEFINE_integer('max_classes_per_detection', 1,'')
flags.DEFINE_integer('detections_per_class', 100,'')
flags.DEFINE_bool('add_postprocessing_op', True,'')
flags.DEFINE_bool('use_regular_nms', False,'')
flags.DEFINE_string('config_override', '', '')
FLAGS = flags.FLAGS
```

（2）调用模型转换函数，完成模型转换。

```
def main(argv):
  flags.mark_flag_as_required('output_directory')
  flags.mark_flag_as_required('pipeline_config_path')
  flags.mark_flag_as_required('trained_checkpoint_prefix')

  pipeline_config = pipeline_pb2.TrainEvalPipelineConfig()

  with tf.gfile.GFile(FLAGS.pipeline_config_path,'r')as f:
    text_format.Merge(f.read(),pipeline_config)
  text_format.Merge(FLAGS.config_override,pipeline_config)
  export_tflite_ssd_graph_lib.export_tflite_graph(
    pipeline_config,FLAGS.trained_checkpoint_prefix,FLAGS.output_directory,
    FLAGS.add_postprocessing_op,FLAGS.max_detections,
```

```
        FLAGS.max_classes_per_detection,FLAGS.use_regular_nms)
  print("模型转换完成!")
```

导出程序 export_pb.py 文件完整内容如下：

```python
import os
import tensorflow as tf
from google.protobuf import text_format
from object_detection import export_tflite_ssd_graph_lib
from object_detection.protos import pipeline_pb2


os.environ["TF_CPP_MIN_LOG_LEVEL"] = '3'
tf.compat.v1.logging.set_verbosity(tf.compat.v1.logging.ERROR)
flags = tf.app.flags
flags.DEFINE_string('output_directory', None,'Path to write outputs.')
flags.DEFINE_string('pipeline_config_path', None,'')
flags.DEFINE_string('trained_checkpoint_prefix', None,'Checkpoint prefix.')
flags.DEFINE_integer('max_detections', 10,'')
flags.DEFINE_integer('max_classes_per_detection', 1,'')
flags.DEFINE_integer('detections_per_class', 100,'')
flags.DEFINE_bool('add_postprocessing_op', True,'')
flags.DEFINE_bool('use_regular_nms', False,'')
flags.DEFINE_string('config_override', '', '')
FLAGS = flags.FLAGS



def main(argv):
  flags.mark_flag_as_required('output_directory')
  flags.mark_flag_as_required('pipeline_config_path')
  flags.mark_flag_as_required('trained_checkpoint_prefix')

  pipeline_config = pipeline_pb2.TrainEvalPipelineConfig()

  with tf.gfile.GFile(FLAGS.pipeline_config_path,'r')as f:
    text_format.Merge(f.read(),pipeline_config)
  text_format.Merge(FLAGS.config_override,pipeline_config)
  export_tflite_ssd_graph_lib.export_tflite_graph(
    pipeline_config,FLAGS.trained_checkpoint_prefix,FLAGS.output_directory,
    FLAGS.add_postprocessing_op,FLAGS.max_detections,
    FLAGS.max_classes_per_detection,FLAGS.use_regular_nms)
  print("模型转换完成!")
```

```
if __name__ == '__main__':
    tf.app.run(main)
```

步骤 2　导出 pb 文件

运行 export_pb.py 程序，读取配置文件 plate.config 中定义的参数，读取 checkpoint 目录中的训练结果，把 tflite_pb 模型图保存到 tflite_models 目录中。

```
$ conda activate unit6
$ python export_pb.py --pipeline_config_path data/plate.config --trained_checkpoint_prefix checkpoint/model.ckpt-2000 --output_directory tflite_models
```

步骤 3　创建转换程序

在开发环境中打开/home/student/projects/unit6/目录，创建程序 pb_to_tflite.py。
（1）导入模块，定义输入参数。

```
import os
import tensorflow as tf
os.environ["TF_CPP_MIN_LOG_LEVEL"] = '3'
tf.compat.v1.logging.set_verbosity(tf.compat.v1.logging.ERROR)


flags = tf.app.flags
flags.DEFINE_string('pb_path', 'tflite_models/tflite_graph.pb', 'tflite pb file.')
flags.DEFINE_string('tflite_path', 'tflite_models/zy_ssd.tflite', 'output tflite.')
FLAGS = flags.FLAGS
```

（2）转换为 tflite 模型。

```
def convert_pb_to_tflite(pb_path,tflite_path):
    # 模型输入节点
    input_tensor_name = ["normalized_input_image_tensor"]
    input_tensor_shape = {"normalized_input_image_tensor": [1,320,640,3]}
    # 模型输出节点
    classes_tensor_name = ['TFLite_Detection_PostProcess', 'TFLite_Detection_PostProcess:1',

                    'TFLite_Detection_PostProcess:2', 'TFLite_Detection_PostProcess:3']
    # 转换为 tflite 模型
    converter = tf.lite.TFLiteConverter.from_frozen_graph(pb_path,
                                    input_tensor_name,
                                    classes_tensor_name,
                                    input_tensor_shape)
```

```
    converter.allow_custom_ops = True
    converter.optimizations = [tf.lite.Optimize.DEFAULT]
    tflite_model = converter.convert()
```

（3）tflite 模型写入。

```
    converter.allow_custom_ops = True
    converter.optimizations = [tf.lite.Optimize.DEFAULT]
    tflite_model = converter.convert()
    # 模型写入
    if not tf.gfile.Exists(os.path.dirname(tflite_path)):
        tf.gfile.MakeDirs(os.path.dirname(tflite_path))
    with open(tflite_path,"wb")as f:
        f.write(tflite_model)
    print("Save tflite model at %s" % tflite_path)
    print("模型转换完成!")


if __name__ == '__main__':
    convert_pb_to_tflite(FLAGS.pb_path,FLAGS.tflite_path)
```

转换程序 pb_to_tflite.py 文件完整内容如下：

```
# pb_to_tflite.py
import os
import tensorflow as tf


os.environ["TF_CPP_MIN_LOG_LEVEL"] = '3'
tf.compat.v1.logging.set_verbosity(tf.compat.v1.logging.ERROR)


flags = tf.app.flags
flags.DEFINE_string('pb_path', 'tflite_models/tflite_graph.pb', 'tflite pb file.')
flags.DEFINE_string('tflite_path', 'tflite_models/zy_ssd.tflite', 'output tflite.')
FLAGS = flags.FLAGS


def convert_pb_to_tflite(pb_path,tflite_path):
    # 模型输入节点
    input_tensor_name = ["normalized_input_image_tensor"]
    input_tensor_shape = {"normalized_input_image_tensor": [1,320,640,3]}
    # 模型输出节点
    classes_tensor_name = ['TFLite_Detection_PostProcess', 'TFLite_Detection_PostProcess:1',
                'TFLite_Detection_PostProcess:2', 'TFLite_Detection_PostProcess:3']
    # 转换为 tflite 模型
```

```
converter = tf.lite.TFLiteConverter.from_frozen_graph(pb_path,
                                input_tensor_name,
                                classes_tensor_name,
                                input_tensor_shape)

    converter.allow_custom_ops = True
    converter.optimizations = [tf.lite.Optimize.DEFAULT]
    tflite_model = converter.convert()
    # 模型写入
    if not tf.gfile.Exists(os.path.dirname(tflite_path)):
        tf.gfile.MakeDirs(os.path.dirname(tflite_path))
    with open(tflite_path,"wb")as f:
        f.write(tflite_model)
    print("Save tflite model at %s" % tflite_path)
    print("模型转换完成!")

if __name__ == '__main__':
    convert_pb_to_tflite(FLAGS.pb_path,FLAGS.tflite_path)
```

步骤 4　转换 tflite 文件

运行程序 pb_to_tflite.py。

```
$ python pb_to_tflite.py
```

步骤 5　创建推理执行程序

在开发环境中打开/home/student/projects/unit6/tflite_models 目录，创建程序 func_detection_img.py。

（1）导入模块。

```
import os
import cv2
import numpy as np
import sys
import glob
import importlib.util
import base64
```

（2）定义模型和数据推理器。

```
def update_image(image_data,GRAPH_NAME='zy_ssd.tflite', min_conf_threshold=0.5,
            use_TPU=False,model_dir='util'):
    from tflite_runtime.interpreter import Interpreter
```

```
CWD_PATH = os.getcwd()
PATH_TO_CKPT = os.path.join(CWD_PATH,model_dir,GRAPH_NAME)

labels = ['plate', 'jing','A', 'B', 'C', 'D', 'E','F', 'G', 'H','J', 'K', 'L', 'M', 'N','P', 'Q', 'R', 'S',
'T', 'U','V', 'W', 'X', 'Y', 'Z', '0', '1', '2', '3', '4', '5', '6', '7', '8', '9']


interpreter = Interpreter(model_path=PATH_TO_CKPT)

interpreter.allocate_tensors()

input_details = interpreter.get_input_details()
output_details = interpreter.get_output_details()
height = input_details[0]['shape'][1]
width = input_details[0]['shape'][2]

floating_model =(input_details[0]['dtype'] == np.float32)

input_mean = 127.5
input_std = 127.5
```

（3）输入图像并转换图像数据为张量。

```
# base64 解码
img_data = base64.b64decode(image_data)
# 转换为 np 数组
img_array = np.fromstring(img_data,np.uint8)
# 转换成 opencv 可用格式
image = cv2.imdecode(img_array,cv2.COLOR_RGB2BGR)

image_rgb = cv2.cvtColor(image,cv2.COLOR_BGR2RGB)
imH,imW,_ = image.shape
image_resized = cv2.resize(image_rgb,(width,height))
input_data = np.expand_dims(image_resized,axis=0)

if floating_model:
    input_data =(np.float32(input_data) - input_mean)/ input_std

interpreter.set_tensor(input_details[0]['index'],input_data)
interpreter.invoke()
```

```
boxes = interpreter.get_tensor(output_details[0]['index'])[0]
classes = interpreter.get_tensor(output_details[1]['index'])[0]
scores = interpreter.get_tensor(output_details[2]['index'])[0]
```

（4）检测图像，并可视化输出结果。

```
for i in range(len(scores)):
    if((scores[i] > min_conf_threshold) and (scores[i] <= 1.0)):
        ymin = int(max(1,(boxes[i][0] * imH)))
        xmin = int(max(1,(boxes[i][1] * imW)))
        ymax = int(min(imH,(boxes[i][2] * imH)))
        xmax = int(min(imW,(boxes[i][3] * imW)))

        cv2.rectangle(image,(xmin,ymin),(xmax,ymax),(10,255,0),2)

        object_name = labels[int(classes[i])]
        label = '%s:%d%%' %(object_name,int(scores[i] * 100))
        labelSize,baseLine = cv2.getTextSize(label,cv2.FONT_HERSHEY_SIMPLEX,0.7,2)
        label_ymin = max(ymin,labelSize[1] + 10)
        cv2.rectangle(image,(xmin,label_ymin - labelSize[1] - 10),
                (xmin + labelSize[0],label_ymin + baseLine - 10),(255,255,255),
                cv2.FILLED)
        cv2.putText(image,label,(xmin,label_ymin - 7),cv2.FONT_HERSHEY_SIMPLEX,
0.7,(0,0,0),
                2)

    image_bytes = cv2.imencode('.jpg', image)[1].tostring()
    image_base64 = base64.b64encode(image_bytes).decode()
    return image_base64
```

推理执行程序 func_detection_img.py 文件完整内容如下：

```
#func_detection_img.py
import os
import cv2
import numpy as np
import sys
import glob
import importlib.util
import base64


def update_image(image_data,GRAPH_NAME='zy_ssd.tflite', min_conf_threshold=0.5,
```

```python
        use_TPU=False,model_dir='util'):
    from tflite_runtime.interpreter import Interpreter
    CWD_PATH = os.getcwd()
    PATH_TO_CKPT = os.path.join(CWD_PATH,model_dir,GRAPH_NAME)

    labels = ['plate', 'jing','A', 'B', 'C', 'D', 'E','F', 'G', 'H','J', 'K', 'L', 'M', 'N','P', 'Q', 'R', 'S',
'T', 'U','V', 'W', 'X', 'Y', 'Z', '0', '1', '2', '3', '4', '5', '6', '7', '8', '9']

    interpreter = Interpreter(model_path=PATH_TO_CKPT)

    interpreter.allocate_tensors()

    input_details = interpreter.get_input_details()
    output_details = interpreter.get_output_details()
    height = input_details[0]['shape'][1]
    width = input_details[0]['shape'][2]

    floating_model =(input_details[0]['dtype'] == np.float32)

    input_mean = 127.5
    input_std = 127.5

    # base64 解码
    img_data = base64.b64decode(image_data)
    # 转换为 np 数组
    img_array = np.fromstring(img_data,np.uint8)
    # 转换成 opencv 可用格式
    image = cv2.imdecode(img_array,cv2.COLOR_RGB2BGR)

    image_rgb = cv2.cvtColor(image,cv2.COLOR_BGR2RGB)
    imH,imW,_ = image.shape
    image_resized = cv2.resize(image_rgb,(width,height))
    input_data = np.expand_dims(image_resized,axis=0)

    if floating_model:
        input_data =(np.float32(input_data) - input_mean)/ input_std

    interpreter.set_tensor(input_details[0]['index'],input_data)
    interpreter.invoke()
```

```
        boxes = interpreter.get_tensor(output_details[0]['index'])[0]
        classes = interpreter.get_tensor(output_details[1]['index'])[0]
        scores = interpreter.get_tensor(output_details[2]['index'])[0]

        for i in range(len(scores)):
            if((scores[i] > min_conf_threshold) and (scores[i] <= 1.0)):
                ymin = int(max(1,(boxes[i][0] * imH)))
                xmin = int(max(1,(boxes[i][1] * imW)))
                ymax = int(min(imH,(boxes[i][2] * imH)))
                xmax = int(min(imW,(boxes[i][3] * imW)))

                cv2.rectangle(image,(xmin,ymin),(xmax,ymax),(10,255,0),2)

                object_name = labels[int(classes[i])]
                label = '%s:%d%%' %(object_name,int(scores[i] * 100))
                labelSize,baseLine = cv2.getTextSize(label,cv2.FONT_HERSHEY_SIMPLEX,0.7,2)
                label_ymin = max(ymin,labelSize[1] + 10)
            cv2.rectangle(image,(xmin,label_ymin - labelSize[1] - 10),
                    (xmin + labelSize[0],label_ymin + baseLine - 10),(255,255,255),
                    cv2.FILLED)
            cv2.putText(image,label,(xmin,label_ymin - 7),cv2.FONT_HERSHEY_SIMPLEX,0.7,(0,0,0),
                    2)

image_bytes = cv2.imencode('.jpg', image)[1].tostring()
image_base64 = base64.b64encode(image_bytes).decode()
return image_base64
```

步骤 6　部署到边缘设备

将模型 zy_ssd.tflite 文件、推理执行程序 func_detection_img.py 文件拷贝到边缘计算设备中。注意：需要把 IP 地址换成对应的推理机地址。

```
$ scp tflite_models/zy_ssd.tflite student@172.16.33.118:/home/student/zy-panel-check/util/
$ scp tflite_models/func_detection_img.py student@172.16.33.118:/home/student/zy-panel-check/util/
```

【任务小结】

训练好的模型需要通过格式转换才能部署到目标平台中，通过 pb_to_tflite.py 程序把导出的 pb 模型转换为 tflite 格式，部署到边缘计算设备上。

通过平台上的"模型验证"上传或输入图片 URL 进行检测，结果如图 7.21 所示。

图 7.21　模型验证

【项目小结】

在项目经理提供原始数据、资深算法工程师提供预训练模型的基础上，你顺利地完成了车牌识别的数据标准、模型训练，能够识别京牌车号，并部署到边缘计算设备上测试通过。如果没有团队的共同努力，我们很难在一周内完成这些工作。祝贺你和团队，为后续车牌识别功能的实际运用提供了可靠的基础。

多学一点：迁移学习是一种机器学习方法，就是把某一个任务中开发好的模型作为初始点，重新使用到另一个模型开发的任务过程中。在深度学习的计算机视觉任务中，利用迁移学习将预训练的模型作为新模型的起点是一种常用的方法。通常这些预训练的模型在开发神经网络时已经消耗巨大的时间资源和计算资源，具备了一定的能力，迁移学习可以将这些技能迁移到相关领域的新问题上。按照目标领域有无标签分类，迁移学习可以分成监督迁移学习、半监督迁移学习、无监督迁移学习；按照学习方法分类，迁移学习可以分成基于样本的迁移、基于特征的迁移、基于模型的迁移、基于关系的迁移等。祝愿你在未来的学习中掌握更多的技能，在实际工作中灵活运用，成为一名优秀的工程师。

参考文献

[1]　周飞燕，金林鹏，董军. 深度学习在图像识别中的应用[M]. 北京：清华大学出版社，2016.

[2]　王守觉. 基于内容的图像识别技术[J]. 计算机应用，2004，24（5）：1-4.

[3]　李晓林. 基于神经网络的图像识别系统[J]. 计算机工程与应用，2005，41（13）：37-40.

[4]　王守觉. 图像处理与计算机视觉算法及应用[M]. 北京：人民邮电出版社，2013.

[5]　吴恩达. 深度学习与计算机视觉实战[M]. 北京：机械工业出版社，2018.

[6]　李成勇. 深度学习实战：基于 TensorFlow 的图像识别[M]. 北京：机械工业出版社，2018.

[7]　张志华. 机器学习实战：基于 Python 的图像识别[M]. 北京：清华大学出版社，2016.

[8]　RAFAEL C GONZALEZ, RICHARD E WOODS. 数字图像处理[M]. 北京：电子工业出版社，2007.

扫码查看本书彩图